ISBN 978-3-528-04869-3   ISBN 978-3-322-87221-0 (eBook)
DOI 10.1007/978-3-322-87221-0

Friedrich Kemnitz

Rainer Engelhard

Mathematische Formelsammlung

Inhaltsverzeichnis

1. Logik

1.1. Aussagen, Aussageformen

Aussagen sind sprachliche Gebilde, die entweder wahr oder falsch sind. Bezeichnung der Aussagen: $p, q, \ldots$.

Aussageformen in den Variablen $x, y, \ldots$ auf den Grundmengen $M_x, M_y, \ldots$ sind sprachliche Gebilde, die nach Ersetzung der Variablen $x, y, \ldots$ durch Elemente aus $M_x, M_y, \ldots$ in Aussagen übergehen. Bezeichnung der Aussageformen: $p(x, y, \ldots), q(x, y, \ldots)$.

Eine Aussageform heißt genau dann **erfüllbar** auf den Grundmengen $M_x, M_y, \ldots$, wenn es Elemente aus den jeweiligen Grundmengen gibt, die die Aussageform dadurch in eine wahre Aussage überführen, daß man sie für die Variablen einsetzt.

Eine Aussageform heißt genau dann **allgemeingültig** auf den Grundmengen $M_x, M_y, \ldots$, wenn sie bei *jeder* Ersetzung der Variablen durch Elemente der jeweiligen Grundmengen in eine wahre Aussage übergeht.

Eine Aussageform heißt genau dann **teilgültig** auf den Grundmengen $M_x, M_y, \ldots$, wenn sie auf diesen erfüllbar, aber nicht allgemeingültig ist.

Eine Aussageform heißt genau dann **unerfüllbar** auf den Grundmengen $M_x, M_y, \ldots$, wenn sie auf diesen nicht erfüllbar ist.

erfüllbar   unerfüllbar

allgemeingültig   teilgültig

1.2. Negation und Verknüpfungen von Aussagen und Aussageformen

1.2.1. Aussagen

Es seien p und q Aussagen. Dann bedeutet:

Negation	$\neg\, p$	nicht p
Konjunktion	$p \wedge q$	p und q (sowohl p als auch q)
Adjunktion	$p \vee q$	p oder q (entweder p oder q oder beides)
Subjunktion	$p \rightarrow q$	wenn p, dann q
Bisubjunktion	$p \leftrightarrow q$	p genau dann, wenn q

ausführlich: (wenn p, dann q) und (wenn q, dann p).

Wahrheitstafeln:

p q	$\neg\, p$	$p \wedge q$	$p \vee q$	$p \rightarrow q$	$p \leftrightarrow q$
w w	f	w	w	w	w
w f	f	f	w	f	f
f w	w	f	w	w	f
f f	w	f	f	w	w

1.2.2. Aussageformen

Aussageformen lassen sich durch $\land, \lor, \to, \leftrightarrow$ verknüpfen. Die Verknüpfungs-ergebnisse sind dann wieder Aussageformen.

Dagegen verknüpft die Implikation Aussageformen zu *Aussagen:*

Implikation: $p(x, y, ...) \Rightarrow q(x, y, ...)$: aus $p(x, y, ...)$ folgt $q(x, y, ...)$ [1]

Diese Aussage ist genau dann wahr, wenn die Aussageform $p(x, y, ...) \to q(x, y, ...)$ auf ihren Grundmengen allgemeingültig ist.

Ist $p(x, y, ...) \Rightarrow q(x, y, ...)$ wahr, so nennt man $p(x, y, ...)$ auch **hinreichende** Bedingung für $q(x, y, ...)$, $q(x, y, ...)$ auch **notwendige** Bedingung für $p(x, y, ...)$.

Entsprechend wie $\Rightarrow$ wird $\Leftrightarrow$ (**äquivalent**) definiert und bedeutet „notwendig und hinreichend".

1.3. Quantoren

Ist $p(x)$ eine Aussageform auf der Grundmenge M und N eine Teilmenge von M, so bedeutet:

$\displaystyle\bigwedge_{x \in N} p(x)$ für alle $x \in N$ gilt $p(x)$ (d. h. $p(x)$ ist allgemeingültig auf N)

$\displaystyle\bigvee_{x \in N} p(x)$ es gibt (mindestens) ein $x \in N$, für das $p(x)$ gilt
(d. h. $p(x)$ ist erfüllbar auf N)

„$\displaystyle\bigwedge_{x \in N} p(x)$" und „$\displaystyle\bigvee_{x \in N} p(x)$" sind Aussagen.

1.4. Logische Regeln

Es gilt stets:

$$\neg(\neg p) \leftrightarrow p$$
$$\neg(p \land q) \leftrightarrow (\neg p) \lor (\neg q)$$
$$\neg(p \lor q) \leftrightarrow (\neg p) \land (\neg q)$$
$$\neg(p \to q) \leftrightarrow p \land (\neg q)$$

$$(p \to q) \leftrightarrow \neg(p \land (\neg q))$$
$$\neg \bigwedge_{x \in M} p(x) \leftrightarrow \bigvee_{x \in M} \neg p(x)$$
$$\neg \bigvee_{x \in M} p(x) \leftrightarrow \bigwedge_{x \in M} \neg p(x)$$

$$\bigvee_{x \in M} \bigwedge_{y \in N} p(x, y) \to \bigwedge_{y \in N} \bigvee_{x \in M} p(x, y) \qquad \text{(nicht umgekehrt!)}$$

2. Mengenlehre

2.1. Bezeichnungen

Die Menge, gebildet aus den Elementen $a_1, a_2, ..., a_n$, wird bezeichnet mit $\{a_1, a_2, ..., a_n\}$.

Die Menge aller Elemente, die die Aussageform $p(x)$ erfüllen, wird bezeichnet mit $\{x \mid p(x)\}$ (Lies: Menge aller x, für die $p(x)$ gilt).

---

[1] Im folgenden wird zwischen den Zeichen $\to$ und $\Rightarrow$ unterschieden. Wer auf diesen Unterschied verzichten will, nehme für $\to$ stets $\Rightarrow$, entsprechend für $\leftrightarrow$ stets $\Leftrightarrow$.

$\emptyset$ oder $\{\,\}$:   leere Menge

$\in$ bzw. $\notin$:   „ist Element von" bzw. „ist nicht Element von"

Paar: $(x, y) = \{x, \{x, y\}\}$, folglich: $(x, y) \neq (y, x)$ genau dann, wenn $x \neq y$

Tripel: $(x, y, z) = ((x, y), z)$

...

n-Tupel: $(a_1, a_2, ..., a_n) = ((a_1, ..., a_{n-1}), a_n)$

A ist **Teilmenge** von B: $A \subseteq B$: $x \in A \Rightarrow x \in B$

A ist **gleich** B: $A = B$: $A \subseteq B \wedge B \subseteq A$

A ist **echte Teilmenge** von B: $A \subset B$: $A \subseteq B \wedge A \neq B$

Es gilt für alle Mengen A: $\emptyset \subseteq A$, $A \subseteq A$

Potenzmenge: $\mathfrak{P} A = \{T \mid T \subseteq A\}$

Durchschnitt: $A \cap B = \{x \mid x \in A \wedge x \in B\}$ (lies: A durchschnitten mit B)

Vereinigung: $A \cup B = \{x \mid x \in A \vee x \in B\}$ (lies: A vereinigt mit B)

Differenz: $A \setminus B = \{x \mid x \in A \wedge x \notin B\}$ (lies: A ohne B)

Komplement: $\mathsf{C}_A B = A \setminus B$, kurz auch: $\overline{B}$

Symmetrische Differenz: $A \triangle B = (A \setminus B) \cup (B \setminus A)$;

$\qquad$ *es gilt:* $A \triangle B = (A \cup B) \setminus (A \cap B)$

Kartesisches Produkt: $A \times B = \{(x, y) \mid x \in A \wedge y \in B\}$

$\qquad A^2 = A \times A$, $A^n = \underbrace{A \times A \times ... \times A}_{n\cdot\text{mal}}$, $n \in \mathbb{N}$

2.2.   Gesetze

Assoziativgesetze: Für alle Mengen A, B, C gilt:

$(A \cap B) \cap C = A \cap (B \cap C)$ $\qquad\qquad$ $(A \cup B) \cup C = A \cup (B \cup C)$

Kommutativgesetze: Für alle Mengen A, B gilt:

$\quad A \cap B = B \cap A$ $\qquad\qquad\qquad$ $A \cup B = B \cup A$

Distributivgesetze: Für alle Mengen A, B, C gilt:

$(A \cap B) \cup C = (A \cup C) \cap (B \cup C)$ $\qquad$ $(A \cup B) \cap C = (A \cap C) \cup (B \cap C)$

3.   Relationen

3.1.   Definitionen

Sind A, B nichtleere Mengen, so heißt jede nichtleere Teilmenge ρ von $A \times B$ **(zweistellige) Relation**. Ist $(a, b) \in \rho$, so sagt man: a steht in der Relation ρ zu b und schreibt dann auch $a \, \rho \, b$.

Sind $A_1, A_2, ..., A_n$ nichtleere Mengen, so heißt jede nichtleere Teilmenge ρ von $A_1 \times A_2 \times ... \times A_n$ **(n-stellige) Relation**. Ist $(a_1, a_2, ..., a_n) \in \rho$, so schreibt man auch: $\rho(a_1, a_2, ..., a_n)$.

3.2. Äquivalenzrelationen

> Eine zweistellige Relation $\rho \subseteq A \times A$ heißt **Äquivalenzrelation** auf A
>
> $\updownarrow$
>
> | | | | |
> |---|---|---|---|
> | Reflexivität: | $\bigwedge\limits_{a \in A} a\,\rho\,a$ | | $a\,\rho\,a$ für alle $a \in A$ |
> | Symmetrie: | $\bigwedge\limits_{a,b \in A} (a\,\rho\,b \rightarrow b\,\rho\,a)$ | in anderer Schreibweise: | $a\,\rho\,b \Rightarrow b\,\rho\,a$ |
> | Transitivität: | $\bigwedge\limits_{a,b,c \in A} (a\,\rho\,b \wedge b\,\rho\,c \rightarrow a\,\rho\,c)$ | | $a\,\rho\,b \wedge b\,\rho\,c \Rightarrow a\,\rho\,c$ |

Beispiele von wichtigen Äquivalenzrelationen: Gleichheit, Ähnlichkeit (13.3.2), Kongruenz (13.3.3), Parallelgleichheit (8.1.).

3.3. Ordnungsrelationen

3.3.1.

> Eine zweistellige Relation $\rho \subseteq A \times A$ heißt **Ordnungsrelation** [1]) auf A
>
> $\updownarrow$
>
> | | | | |
> |---|---|---|---|
> | Reflexivität: | $\bigwedge\limits_{a \in A} a\,\rho\,a$ | | $a\,\rho\,a$ für alle $a \in A$ |
> | Isosymmetrie[2]): | $\bigwedge\limits_{a,b \in A} (a\,\rho\,b \wedge b\,\rho\,a \rightarrow a = b)$ | in anderer Schreibweise: | $a\,\rho\,b \wedge b\,\rho\,a \Rightarrow a = b$ |
> | Transitivität: | $\bigwedge\limits_{a,b,c \in A} (a\,\rho\,b \wedge b\,\rho\,c \rightarrow a\,\rho\,c)$ | | $a\,\rho\,b \wedge b\,\rho\,c \Rightarrow a\,\rho\,c$ |

Ist ρ eine Ordnungsrelation, so schreibt man oft $a \sqsubseteq b$ (lies: a vor-oder-gleich b) statt $a\,\rho\,b$.

Beispiele:

Ist A eine Menge, so ist $\subseteq$ eine Ordnungsrelation auf $\mathfrak{P}\,A$.

$\leqslant$ (kleiner oder gleich) und $|$ (teilt) sind Ordnungsrelationen auf $\mathbb{N}$

$(a \leqslant b \Leftrightarrow \bigvee\limits_{x \in \mathbb{N}_0} a + x = b \quad$ bzw. $\quad a \mid b \Leftrightarrow \bigvee\limits_{x \in \mathbb{N}} a \cdot x = b)$.

Das Paar $(A, \sqsubseteq)$ heißt **Ordnung** [1]).

Ist B eine Teilmenge von A, so definiert man:

$s_o \in A$ heißt genau dann **obere Schranke** von B (bzgl. $\sqsubseteq$), wenn $\bigwedge\limits_{x \in B} x \sqsubseteq s_o$ gilt.

$s_u \in A$ heißt genau dann **untere Schranke** von B (bzgl. $\sqsubseteq$), wenn $\bigwedge\limits_{x \in B} s_u \sqsubseteq x$ gilt.

$g_o \in A$ heißt genau dann **obere Grenze** von B (bzgl. $\sqsubseteq$), wenn g_o obere Schranke von B ist und für alle oberen Schranken s_o von B gilt: $g_o \sqsubseteq s_o$.

$g_u \in A$ heißt genau dann **untere Grenze** von B (bzgl. $\sqsubseteq$), wenn g_u untere Schranke von B ist und für alle unteren Schranken s_u von B gilt: $s_u \sqsubseteq g_u$.

---

[1]) Statt Ordnung und Ordnungsrelation sind auch die Bezeichnungen Halbordnung und Halbordnungsrelation gebräuchlich.

[2]) Diese Eigenschaft wird auch Antisymmetrie oder Identitivität genannt.

Es gilt: Jede Menge B hat bzgl. $\subseteq$ höchstens eine obere und höchstens eine untere Grenze.

Man schreibt auch **sup** B (supremum von B) statt g_o und **inf** B (infimum von B) statt g_u.

Eine Ordnung $(V, \subseteq)$ heißt **Verband**

$\updownarrow$

Jede zweielementige Teilmenge von V besitzt sowohl eine obere als auch eine untere Grenze bzgl. $\subseteq$

Diese Definition des Verbandes ist mit der in 4.6. angegebenen gleichwertig.

3.3.2.   Eine Ordnung $(A, \subseteq)$ heißt **vollständig (linear, total** oder **Kette)**

$\updownarrow$

Konnexität: $\bigwedge\limits_{a,b\,\epsilon\,A} a \subseteq b \vee b \subseteq a$

Eine wichtige vollständige Ordnung ist $(\mathbb{R}, \leqslant)$, dagegen ist $(\mathbb{N}, \mid)$ keine vollständige Ordnung.

3.3.3.   Eine Relation $\rho \subseteq A \times A$ heißt **strikte** Ordnungsrelation auf A

$\updownarrow$

Asymmetrie:	$\bigwedge\limits_{a,b\,\epsilon\,A} (a \rho b \rightarrow \neg\, b \rho a)$	in anderer	$a \rho b \Rightarrow \neg\, b \rho a$
Transitivität:	$\bigwedge\limits_{a,b,c\,\epsilon\,A} (a \rho b \wedge b \rho c \rightarrow a \rho c)$	Schreibweise:	$a \rho b \wedge b \rho c \Rightarrow a \rho c$

Man schreibt dann meist $a \sqsubset b$ (lies: a vor b) statt $a \rho b$.

Es gilt: Eine strikte Ordnungsrelation ist nie eine Ordnungsrelation.

Ist $\subseteq$ eine Ordnungsrelation, so erhält man eine strikte Ordnungsrelation $\sqsubset$, indem man setzt: $a \sqsubset b \Leftrightarrow (a \subseteq b$ und $a \neq b)$; umgekehrt: ist $\sqsubset$ eine strikte Ordnungsrelation, so erhält man eine Ordnungsrelation $\subseteq$, indem man setzt: $a \subseteq b \Leftrightarrow (a \sqsubset b$ oder $a = b)$.

3.4.   **Abbildungen, Funktionen**

Eine zweistellige Relation $\rho \subseteq A \times B$ heißt **Abbildung** von A in B

$\updownarrow$

(1) $\bigwedge\limits_{x\,\epsilon\,A} \bigvee\limits_{y\,\epsilon\,B} (x, y) \in \rho$ (2) $\bigwedge\limits_{x\,\epsilon\,A} \bigwedge\limits_{y,z\,\epsilon\,B} \left(\begin{matrix} (x, y) \in \rho \\ (x, z) \in \rho \end{matrix} \rightarrow y = z \right)$

Statt ρ schreibt man in diesen Fällen meist f, g, ..., statt $(x, y) \in f$ bzw. xfy meist $y = f(x)$ oder $f\colon x \mapsto y$, statt $f \subseteq A \times B$ meist $f\colon A \to B$, so daß sich als neue Schreibfigur ergibt:

$$f\colon \begin{array}{l} A \to B \\ x \mapsto f(x)^{1)} \end{array} \quad \left(\text{lies:} \begin{array}{l} A \text{ abgebildet in } B\,{}^{2)} \\ x \text{ abgebildet auf } f(x) \end{array}\right)$$

Man nennt $f(x)$ das **Bild** von x und x das **Urbild** von $f(x)$.

Ist $T \subseteq A$, so definiert man $f(T) = \{y \mid \bigvee_{x \in T} y = f(x)\}$.

Man nennt A die **Urbildmenge** (den **Definitionsbereich**), $f(A)$ die **Bildmenge** (den **Wertebereich**) und B die **Zielmenge** der Abbildung f (statt Zielmenge ist auch Bildmenge gebräuchlich).

$f\colon A \to B$ heißt **injektiv**	$\leftrightarrow$	$\bigwedge_{x_1, x_2 \in A} (x_1 \neq x_2 \to f(x_1) \neq f(x_2))$
$f\colon A \to B$ heißt **surjektiv**	$\leftrightarrow$	$\bigwedge_{y \in B} \bigvee_{x \in A} f(x) = y$, kurz: $f(A) = B$
$f\colon A \to B$ heißt **bijektiv** (**eineindeutig**) $^{3)}$	$\leftrightarrow$	f ist injektiv und surjektiv

Ist f bijektiv, so gibt es genau eine **Umkehrabbildung** f^{-1} von f, die definiert ist durch: $x = f^{-1}(y) \Longleftrightarrow y = f(x)$.

Für $f\colon \begin{array}{l} A \to B \\ x \mapsto f(x) \end{array}$ und $g\colon \begin{array}{l} B \to C \\ y \mapsto g(y) \end{array}$ wird definiert: $g \circ f\colon \begin{array}{l} A \to C \\ x \mapsto g(f(x)) \end{array}$

($g \circ f$ lies: g kreis f). Diese Verknüpfung $\circ$ heißt meist **Verkettung**.

Es gilt also: $(g \circ f)(x) = g(f(x))$

Eine Abbildung $f\colon \begin{array}{l} A \to B \\ x \mapsto f(x) \end{array}$ heißt **Funktion**, wenn A und B Zahlenmengen (siehe 5.) sind. Statt Urbild sagt man dann **Argument** oder **Stelle**, statt Bild **Funktionswert**.

4. Algebraische Strukturen

4.1. Verknüpfungen

Jede Abbildung der Art $A \times B \to C$ heißt **Verknüpfung**.

Verknüpfungen werden meist mit $\circ$ bezeichnet. Statt $\circ((a, b))$ schreibt man $a \circ b$ (lies: a kreis b).

$^{1)}$ Statt $\mapsto$ wird oft auch $\to$ verwendet.

$^{2)}$ Im Falle der Surjektivität (s. u.) sagt man auch: A wird abgebildet *auf* B.

$^{3)}$ Oft werden auch injektive Abbildungen „eineindeutig" genannt.

Eine Verknüpfung heißt genau dann **innere Verknüpfung** (auf A), wenn $A = B = C$ ist.

Eine Verknüpfung heißt genau dann **äußere Verknüpfung 1. Art**, wenn $A \neq B = C$ ist.

Eine Verknüpfung heißt genau dann **äußere Verknüpfung 2. Art**, wenn $A = B \neq C$ ist.

Wichtige Beispiele: Innere Verknüpfungen: Auf $\mathbb{N}$: $+, \cdot$, auf $\mathfrak{P}\,\mathbb{R}$: $\cap, \cup, \backslash, \triangle$.

Äußere Verknüpfung 1. Art: Produkt von reeller Zahl und Vektor:
$$\begin{aligned} \mathbb{R} \times V &\to V \\ (\lambda, \vec{a}) &\mapsto \lambda \circ \vec{a} \end{aligned} \qquad \text{(siehe 4.5.)}$$

Äußere Verknüpfung 2. Art: Skalarprodukt:
$$\begin{aligned} V \times V &\to \mathbb{R} \\ (\vec{a}, \vec{b}) &\mapsto \vec{a} \cdot \vec{b} \end{aligned} \qquad \text{(siehe 4.5.)}$$

Ein Paar $(A, \circ)$ heißt **Verknüpfungsgebilde**	$\leftrightarrow$	$\circ$ ist innere Verknüpfung auf A

4.2. Gruppen

$(H, \circ)$ heißt **Halbgruppe**	$\leftrightarrow$	(1) $(H, \circ)$ ist ein Verknüpfungsgebilde (2) Assoziativgesetz (Verbindungsgesetz): $$\bigwedge_{a,b,c \in H} (a \circ b) \circ c = a \circ (b \circ c)$$
$(G, \circ)$ heißt **Gruppe**	$\leftrightarrow$	(1) $(G, \circ)$ ist Halbgruppe (2) Existenz des neutralen Elementes: $$\bigvee_{n \in G} \bigwedge_{a \in G} n \circ a = a \circ n = a$$ (3) Existenz der inversen Elemente: $$\bigwedge_{a \in G} \bigvee_{i(a) \in G} a \circ i(a) = i(a) \circ a = n$$
$(G, \circ)$ heißt **kommutative (abelsche) Gruppe**	$\leftrightarrow$	(1) $(G, \circ)$ ist Gruppe (2) Kommutativgesetz (Vertauschungsgesetz): $$\bigwedge_{a,b \in G} a \circ b = b \circ a$$

Beispiele für kommutative Gruppen:

$(\mathbb{Z}, +), (\mathbb{Q}, +), (\mathbb{Q}^+, \cdot), (\mathbb{Q}^*, \cdot), (\mathbb{R}, +), (\mathbb{R}^+, \cdot), (\mathbb{R}^*, \cdot), (\mathbb{C}, +), (\mathbb{C}^*, \cdot)$ (siehe 5.)

$(\mathbb{D}_S, \circ), (\mathbb{T}, \circ), (\mathbb{Z}_A, \circ), (\mathbb{K}, \circ), (\mathbb{A}, \circ)$ (siehe 13.3.)

Weitere wichtige Beispiele sind die Restklassengruppen mod m:

Es sei für $a \in \mathbb{Z}$: $\bar{a} = \{x \mid x \in \mathbb{Z}$ und m teilt $(a - x)\} = \{x \mid x \in \mathbb{Z}$ und $x \equiv_m a\}$, $R_m = \{\bar{0}, \bar{1}, ..., \overline{m-1}\}$ und $\bar{a} \oplus \bar{b} = \overline{a + b}$, $\bar{a} \odot \bar{b} = \overline{a \cdot b}$. Dann ist $(R_m, \oplus)$

eine kommutative Gruppe; ist m Primzahl, so ist auch $(R_m \setminus \{\bar{0}\}, \odot)$
eine kommutative Gruppe.

Ist $(G, \circ)$ eine Gruppe, *so gilt:*

1. Für alle $a, b \in G$ sind die Gleichungen $a \circ x = b$ und $y \circ a = b$ eindeutig lösbar.
2. Kürzungsregeln: $\bigwedge\limits_{a, b, c \in G} (a \circ b = c \circ b \rightarrow a = c)$; $\bigwedge\limits_{a, b, c \in G} (a \circ b = a \circ c \rightarrow b = c)$
3. $\bigwedge\limits_{a, b \in G} i(a \circ b) = i(b) \circ i(a)$

Ist $\widetilde{G} \subseteq G$ und ist $(\widetilde{G}, \circ)$ eine Gruppe, so heißt $(\widetilde{G}, \circ)$ **Untergruppe** der Gruppe $(G, \circ)$.

Ist $\widetilde{G} \subseteq G$ und $\widetilde{G} \neq \emptyset$, so ist $(\widetilde{G}, \circ)$ bereits Untergruppe der Gruppe $(G, \circ)$, wenn gilt: $\bigwedge\limits_{a, b \in \widetilde{G}} a \circ i(b) \in \widetilde{G}$.

Eine Gruppe $(G, \circ)$ heißt **zyklisch**, wenn es ein Element $a \in G$ gibt, so daß gilt: $G = \{..., a^{-2}, a^{-1}, n, a, a^2, ...\}$ (dabei ist für $m \in \mathbb{N}: a^m = \underbrace{a \circ ... \circ a}_{m-\text{mal}}$ und $a^{-m} = i(a^m)$). a heißt **erzeugendes Element**.

Ist G endlich und zyklisch, so gilt sogar: $G = \{n, a, a^2, ..., a^m\}$ für ein geeignetes $m \in \mathbb{N}$.

4.3.   **Ringe**

$(R, \square, \circ)$ heißt **Ring**

$\updownarrow$

(1) $(R, \square)$ ist kommutative Gruppe	(2) $(R, \circ)$ ist Halbgruppe

(3)   Distributivgesetze: $\bigwedge\limits_{a, b, c \in R}$ $\begin{aligned}(a \square b) \circ c &= (a \circ c) \square (b \circ c) \\ a \circ (b \square c) &= (a \circ b) \square (a \circ c)\end{aligned}$
      (Verteilungsgesetze)

Ein Ring heißt genau dann **kommutativ**, wenn in $(R, \circ)$ das Kommutativgesetz gilt.

Das neutrale Element von $(R, \square)$ bezeichnet man meist mit 0 und nennt es **Null-element**. Gibt es in $(R, \circ)$ auch ein neutrales Element, so bezeichnet man es meist mit 1 und nennt es **Einselement**.

Beispiele: $(\mathbf{Z}, +, \cdot)$, $(R_m, \oplus, \odot)$ (siehe 4.2.) sind kommutative Ringe mit Einselement.

In einem Ring $(R, \square, \circ)$ heißt ein Element $a \neq 0$, $a \in R$, genau dann **Nullteiler**, wenn es ein Element $b \neq 0$, $b \in R$, gibt mit $a \circ b = 0$ oder $b \circ a = 0$.

Meist schreibt man $+$ für $\square$, $\cdot$ für $\circ$, $-a$ für $i(a)$ in $(R, +)$. $a + (-b)$ wird abgekürzt durch $a - b$. Die neue Verknüpfung „$-$" heißt **Subtraktion**.

Weitere Sätze siehe 6.1.

4.4. Körper

$(K, \square, \circ)$ heißt **Körper**[1]	$\leftrightarrow$	(1) $(K, \square, \circ)$ ist Ring (2) $(K^*, \circ)$ ist kommutative Gruppe $K^* = K \setminus \{0\}$

Beispiele: $(\mathbb{Q}, +, \cdot)$; $(\mathbb{R}, +, \cdot)$; $(\mathbb{C}, +, \cdot)$ (siehe 5.)
$(R_p, \oplus, \odot)$, falls p Primzahl ist (siehe 4.2.)

In Körpern gilt: $a \circ b = 0 \Rightarrow (a = 0 \vee b = 0)$ (d. h. es gibt keine Nullteiler).

Meist schreibt man $+$ für $\square$, $\cdot$ für $\circ$, $-a$ für $i(a)$ in $(K, +)$, $\frac{1}{a}$ für $i(a)$ in $(K^*, \cdot)$.

Für $a \cdot \frac{1}{b}$ schreibt man auch $a : b$. Die neue Verknüpfung „$:$" heißt **Division**.

Weitere Sätze siehe 6.1.

4.5. Vektorräume

Ist $\oplus$ eine innere Verknüpfung auf einer Menge V und $\circ: \begin{array}{c} \mathbb{R} \times V \to V \\ (\lambda, \vec{a}) \mapsto \lambda \circ \vec{a} \end{array}$ eine äußere Verknüpfung 1. Art, so wird definiert:

$(V, \oplus, \circ)$ heißt **Vektorraum**[2]

$\updownarrow$

(1) $(V, \oplus)$ ist eine kommutative Gruppe

(2)   a) Gemischt-assoziativ-Gesetz: $\bigwedge\limits_{\lambda,\mu \in \mathbb{R}} \bigwedge\limits_{\vec{a} \in V} \lambda \circ (\mu \circ \vec{a}) = (\lambda\mu) \circ \vec{a}$

       b) Distributivgesetze: $\bigwedge\limits_{\lambda,\mu \in \mathbb{R}} \bigwedge\limits_{\vec{a} \in V} (\lambda + \mu) \circ \vec{a} = \lambda \circ \vec{a} \oplus \mu \circ \vec{a}$

                        $\bigwedge\limits_{\lambda \in \mathbb{R}} \bigwedge\limits_{\vec{a},\vec{b} \in V} \lambda \circ (\vec{a} \oplus \vec{b}) = \lambda \circ \vec{a} \oplus \lambda \circ \vec{b}$

       c) $\bigwedge\limits_{\vec{a} \in V} 1 \circ \vec{a} = \vec{a}$

Das neutrale Element von $(V, \oplus)$ wird meist mit $\vec{0}$ bezeichnet und **Nullvektor** genannt. Das inverse Element von $\vec{a}$ bzgl. $\oplus$ wird mit $-\vec{a}$ bezeichnet.

Wichtige Beispiele sind:

a) $(\mathbb{V}_2, +, \cdot)$ bzw. $(\mathbb{V}_3, +, \cdot)$, wobei $\mathbb{V}_2$ bzw. $\mathbb{V}_3$ die Menge der Vektoren in der Ebene bzw. im Raum ist (siehe 8.)

---

[1] Hier ist mit Körper stets kommutativer Körper gemeint; in der Literatur werden auch nichtkommutative Körper (Schiefkörper) behandelt.

[2] Hier ist mit Vektorraum stets *reeller* Vektorraum gemeint (d. h. $\lambda, \mu \in \mathbb{R}$); in der Literatur werden auch nichtreelle Vektorräume, z. B. komplexe Vektorräume ($\lambda, \mu \in \mathbb{C}$), behandelt.

b) $(\mathbb{R}^n, \oplus, \circ)$ mit $(a_1, a_2, ..., a_n) \oplus (b_1, b_2, ..., b_n) = (a_1 + b_1, a_2 + b_2, ..., a_n + b_n)$
und $\lambda \circ (a_1, a_2, ..., a_n) = (\lambda a_1, \lambda a_2, ..., \lambda a_n)$

c) $(\mathcal{F}_k, \oplus, \circ)$, wobei $\mathcal{F}_k$ die Menge aller reellen konvergenten Folgen ist;
$<a_n> \oplus <b_n> = <a_n + b_n>, \quad \lambda \circ <a_n> = <\lambda a_n>$

d) $(\mathbf{F}_d, \oplus, \circ)$, wobei $\mathbb{F}_d$ die Menge aller auf $\mathbb{R}$ differenzierbaren Funktionen ist;
$(f \oplus g)(x) \doteq f(x) + g(x), \quad (\lambda \circ f)(x) = \lambda f(x)$

e) $(\mathbb{R}[x], \oplus, \circ)$, wobei $\mathbb{R}[x] = \{f \mid f \in \mathbb{F}_d, f(x) = a_n x^n + ... + a_1 x + a_0, a_\nu \in \mathbb{R},$
$n \in \mathbb{N}\}$ ist; $\quad \oplus$ und $\circ$ wie unter d)

Ist $\widetilde{V} \subseteq V$ und $(\widetilde{V}, \oplus, \circ)$ ein Vektorraum, so heißt $(\widetilde{V}, \oplus, \circ)$ **Untervektorraum**
(Teilraum) des Vektorraumes $(V, \oplus, \circ)$.

Ein Ausdruck $\lambda_1 \circ \vec{a}_1 \oplus \lambda_2 \circ \vec{a}_2 \oplus ... \oplus \lambda_n \circ \vec{a}_n$ heißt **Linearkombination** der
Vektoren $\vec{a}_1, \vec{a}_2, ..., \vec{a}_n$.

$(\vec{a}_1, \vec{a}_2, ..., \vec{a}_n)$ heißt **linear abhängig** $\leftrightarrow \bigvee_{\lambda_1, ..., \lambda_n \in \mathbb{R}} \begin{array}{c} \lambda_1 \circ \vec{a}_1 \oplus ... \oplus \lambda_n \circ \vec{a}_n = \vec{0} \\ \text{und} \\ (\lambda_1, ..., \lambda_n) \neq (0, ..., 0) \end{array}$

$(\vec{a}_1, \vec{a}_2, ..., \vec{a}_n)$ heißt **linear unabhängig** $\leftrightarrow (\vec{a}_1, \vec{a}_2, ..., \vec{a}_n)$ ist nicht linear abhängig

Es gilt:

$(\vec{a}_1, \vec{a}_2, ..., \vec{a}_n)$ ist genau dann linear unabhängig, wenn gilt:
$\bigwedge_{\lambda_1, ..., \lambda_n \in \mathbb{R}} (\lambda_1 \circ \vec{a}_1 \oplus ... \oplus \lambda_n \circ \vec{a}_n = \vec{0} \rightarrow \lambda_1^2 + ... + \lambda_n^2 = 0)$.

Man definiert: $<\vec{a}_1, \vec{a}_2, ..., \vec{a}_n> = \{\lambda_1 \circ \vec{a}_1 \oplus ... \oplus \lambda_n \circ \vec{a}_n \mid \lambda_\nu \in \mathbb{R}\}$.

Es gilt: $(<\vec{a}_1, \vec{a}_2, ..., \vec{a}_n>, \oplus, \circ)$ ist Untervektorraum von $(V, \oplus, \circ)$.

Man sagt: $(\vec{a}_1, \vec{a}_2, ..., \vec{a}_n)$ **erzeugt** den Untervektorraum $(<\vec{a}_1, \vec{a}_2, ..., \vec{a}_n>, \oplus, \circ)$.

$(\vec{a}_1, \vec{a}_2, ..., \vec{a}_n)$ heißt genau dann **Basis** des Vektorraums $(V, \oplus, \circ)$, wenn
$(\vec{a}_1, \vec{a}_2, ..., \vec{a}_n)$ linear unabhängig und $<\vec{a}_1, \vec{a}_2, ..., \vec{a}_n> = V$ ist.

Die Anzahl der Vektoren, die zu einer beliebigen Basis eines bestimmten Vektor-
raums $(V, \oplus, \circ)$ gehören, ist stets gleich groß. Sie heißt **Dimension** von $(V, \oplus, \circ)$.

Ist $(\vec{a}_1, \vec{a}_2, ..., \vec{a}_n)$ eine Basis von $(V, \oplus, \circ)$, so läßt sich jedes Element aus V eindeutig als Linearkombination von $\vec{a}_1, \vec{a}_2, ..., \vec{a}_n$ darstellen. Man kürzt dann ab:

$$\vec{x} = \lambda_1 \circ \vec{a}_1 \oplus ... \oplus \lambda_n \circ \vec{a}_n = \begin{pmatrix} \lambda_1 \\ \lambda_2 \\ \vdots \\ \lambda_n \end{pmatrix} \quad \text{(Spaltenschreibweise)}$$

Eine Verknüpfung $\cdot: \begin{matrix} V \times V & \to & \mathbb{R} \\ (\vec{a}, \vec{b}) & \mapsto & \vec{a} \cdot \vec{b} \end{matrix}$ heißt **Skalarprodukt**

$\updownarrow$

(1) Kommutativgesetz: $\quad \bigwedge\limits_{\vec{a}, \vec{b} \in V} \quad \vec{a} \cdot \vec{b} = \vec{b} \cdot \vec{a}$

(2) Distributivgesetz: $\quad \bigwedge\limits_{\vec{a}, \vec{b}, \vec{c} \in V} \vec{a} \cdot (\vec{b} \oplus \vec{c}) = \vec{a} \cdot \vec{b} + \vec{a} \cdot \vec{c}$

(3) Gemischt-assoziativ-Gesetz: $\quad \bigwedge\limits_{\vec{a}, \vec{b} \in V} (\lambda \circ \vec{a}) \cdot \vec{b} = \lambda (\vec{a} \cdot \vec{b})$

(4) Positiv-definit-Gesetz: $\quad \bigwedge\limits_{\vec{a} \in V} \vec{a} \cdot \vec{a} > 0 \leftrightarrow \vec{a} \neq \vec{0}$

Wichtige Beispiele:

Auf $\mathbb{W}_2$ und $\mathbb{W}_3$ siehe 8.2.

Auf $\mathbb{R}^n$: $\quad (a_1, a_2, ..., a_n) \cdot (b_1, b_2, ..., b_n) = a_1 b_1 + a_2 b_2 + ... + a_n b_n$

oder: $\quad (a_1, a_2, ..., a_n) \cdot (b_1, b_2, ..., b_n) = a_1 b_1 + \frac{1}{2} a_2 b_2 + ... + \frac{1}{n} a_n b_n$

Auf $\mathbb{R}[x]$: $f \cdot g = \int\limits_0^1 f(x) g(x)\, dx$

4.6. Boolesche Verbände (Boolesche Algebren)

$(V, \sqcap, \sqcup)$ heißt **Verband**

$\updownarrow$

(1) Kommutativgesetze: $\quad \bigwedge\limits_{x, y \in V} [\quad x \sqcap y = y \sqcap x \qquad \wedge \qquad x \sqcup y = y \sqcup x \qquad]$

(2) Assoziativgesetze: $\quad \bigwedge\limits_{x, y, z \in V} [x \sqcap (y \sqcap z) = (x \sqcap y) \sqcap z \wedge x \sqcup (y \sqcup z) = (x \sqcup y) \sqcup z]$

(3) Absorptionsgesetze: $\quad \bigwedge\limits_{x, y \in V} [x \sqcap (x \sqcup y) = x \qquad \wedge x \sqcup (x \sqcap y) = x \qquad]$

($\sqcap$ lies z. B. ,durchschnitten mit', $\sqcup$ lies z. B. ,vereinigt mit')

Diese Definition ist mit der in 3.3. gegebenen gleichwertig.

Wichtige Beispiele: $(\mathfrak{P}\mathbb{R}, \subseteq)$ bzw. $(\mathfrak{P}\mathbb{R}, \cap, \cup)$

und $(\mathbb{N}, |)$ bzw. $(\mathbb{N}, \mathrm{ggT}, \mathrm{kgV})$

(ggT: größter gemeinsamer Teiler, kgV: kleinstes gemeinsames Vielfaches)

In jedem Verband gilt: $\bigwedge\limits_{x, y \in V} (x \sqcup y = y \leftrightarrow x \sqcap y = x)$

> **$(V, \cap, \cup)$ heißt Boolescher Verband oder Boolesche Algebra**
>
> $\updownarrow$
>
> (1) $(V, \cap, \cup)$ ist Verband
>
> (2) a) Existenz des Nullelementes: $\displaystyle\bigvee_{n \in V} \bigwedge_{x \in V} x \cup n = x$ (oder $\displaystyle\bigvee_{n \in V} \bigwedge_{x \in V} x \cap n = n$)
>
> b) Existenz des Einselementes: $\displaystyle\bigvee_{e \in V} \bigwedge_{x \in V} x \cup e = e$ (oder $\displaystyle\bigvee_{e \in V} \bigwedge_{x \in V} x \cap e = x$)
>
> c) Existenz der komplementären Elemente: $\displaystyle\bigwedge_{x \in V} \bigvee_{\bar{x} \in V} (x \cup \bar{x} = e \wedge x \cap \bar{x} = n)$
>
> d) Distributivgesetze:
> $$\bigwedge_{x,y,z \in V} [(x \cup y) \cap z = (x \cap z) \cup (y \cap z) \ \wedge \ (x \cap y) \cup z = (x \cup z) \cap (y \cup z)]$$
>
> *Beispiel:* $(\mathfrak{P}\,\mathbb{R}, \cap, \cup)$

4.7. Anordnung

> **$(R, \square, \circ, \sqsubseteq)$ heißt angeordneter Ring**
>
> $\updownarrow$
>
> (1) $(R, \square, \circ)$ ist kommutativer Ring (Nullelement sei 0) (siehe 4.3.)
>
> (2) $(R, \sqsubseteq)$ ist eine vollständige Ordnung (siehe 3.3.)
>
> (3) $\displaystyle\bigwedge_{a,b,c \in R} (a \sqsubseteq b \to a \square c \sqsubseteq b \square c)$
>
> (4) $\displaystyle\bigwedge_{\substack{a,b,c \in R \\ 0 \sqsubseteq c}} (a \sqsubseteq b \to a \circ c \sqsubseteq b \circ c)$
>
> *Beispiel:* $(\mathbb{Z}, +, \cdot, \leqslant)$
>
> Alle Elemente x eines angeordneten Ringes mit $0 \sqsubseteq x$ und $0 \neq x$ heißen **positiv**, alle Elemente x mit $x \sqsubseteq 0$ und $x \neq 0$ heißen **negativ**.

> **$(K, \square, \circ, \sqsubseteq)$ heißt angeordneter Körper**
>
> $\updownarrow$
>
> (1) $(K, \square, \circ)$ ist Körper (siehe 4.4.)
>
> (2) $(K, \square, \circ, \sqsubseteq)$ ist angeordneter Ring
>
> *Beispiel:* $(\mathbb{Q}, +, \cdot, \leqslant)$, $(\mathbb{R}, +, \cdot, \leqslant)$ mit
> $$a \leqslant b \Longleftrightarrow (a = b \vee \bigvee_{x \in \mathbb{Q}^+ (\mathbb{R}^+)} a + x = b) \ \text{(siehe 6.1.3.)},$$
> dabei ist $\mathbb{Q}^+ = \{\tfrac{a}{b} \mid a, b \in \mathbb{N}\}$ und $\mathbb{R}^+ = \{x \mid x \neq 0 \wedge \bigvee_{a_n \in \mathbb{Q}^+} x = \lim a_n\}$

5. Zahlenmengen

$\mathbb{N} = \{1, 2, 3, \dots\}$ — Menge der **natürlichen Zahlen**

$\mathbb{Z} = \{\dots, -3, -2, -1, 0, 1, 2, \dots\}$ — Menge der **ganzen Zahlen**

$\mathbb{Q} = \{\frac{a}{b} \mid a \in \mathbb{Z}, b \in \mathbb{N}\}$ — Menge der **rationalen Zahlen**

Jede rationale Zahl hat eine endliche oder periodische Dezimaldarstellung.

$\mathbb{R} = \{x \mid x = \lim q_n, q_n \in \mathbb{Q}\}$ — Menge der **reellen Zahlen** (siehe 14.1.)

Reelle Zahlen sind alle Zahlen, die eine Dezimaldarstellung haben.

Alle reellen Zahlen, die nicht rational sind, heißen **irrationale Zahlen**. Irrationale Zahlen haben in Dezimaldarstellung unendlich viele Stellen ohne Periode.

Alle reellen Zahlen, die einer (algebraischen) Gleichung der Form $a_n x^n + \dots + a_1 x + a_0 = 0$ mit $a_\nu \in \mathbb{Q}$ genügen, heißen **algebraische Zahlen** (z. B. $4, \frac{1}{5}, \sqrt{2}, \sqrt{3} + \sqrt[3]{7}$, sowie nicht explizit ausdrückbare reelle Lösungen algebraischer Gleichungen mit $n \geqslant 5$).

Alle reellen Zahlen, die nicht algebraisch sind, heißen **transzendente Zahlen**. (z. B. $\pi, e, \sin 1, \log 2$).

$\mathbb{C} = \{a + bi \mid a, b \in \mathbb{R}\}$ — Menge der **komplexen Zahlen** (siehe 7.)

Alle komplexen Zahlen $a + bi$ mit $a = 0$ und $b \neq 0$ heißen **imaginäre Zahlen**.

Ist A eine Teilmenge von $\mathbb{C}$, so wird vereinbart:

$$A_0 = A \cup \{0\} \qquad A^* = A \setminus \{0\}$$

Ist A eine Teilmenge von $\mathbb{R}$, so wird vereinbart:

$$A^+ = \{x \mid x \in A, x > 0\} \qquad A^- = \{x \mid x \in A, x < 0\}$$

6. Der Körper der reellen Zahlen

$(\mathbb{R}, +, \cdot, \leqslant)$ ist ein angeordneter Körper (siehe 4.4. und 4.7.), in dem jede Fundamentalfolge konvergent ist (siehe 14.1.).

6.1. Grundlegende Gesetze und Definitionen

6.1.1. Ringgesetze für $(\mathbb{R}, +, \cdot)$

Kommutativgesetze (Vertauschungsgesetze):

$$\bigwedge_{a, b \in \mathbb{R}} a + b = b + a \qquad \bigwedge_{a, b \in \mathbb{R}} a \cdot b = b \cdot a$$

Assoziativgesetze (Verbindungsgesetze):

$$\bigwedge_{a, b, c \in \mathbb{R}} (a + b) + c = a + (b + c) \qquad \bigwedge_{a, b, c \in \mathbb{R}} (a \cdot b) \cdot c = a \cdot (b \cdot c)$$

Distributivgesetz (Verteilungsgesetz): $\bigwedge\limits_{a,b,c\in\mathbb{R}} a\cdot(b+c)=a\cdot b+a\cdot c$

„Vorzeichen"regeln[1]): *Für alle a, b ∈ ℝ gilt:*

$-(-a)=a;\quad -(a+b)=(-a)+(-b);\quad a-b=a+(-b);$

$-(a-b)=(-a)+b;\quad (-a)\cdot b=a\cdot(-b)=-(a\cdot b);\quad (-a)\cdot(-b)=a\cdot b$

6.1.2. Körpergesetze für (ℝ, +, ·)

Bruchrechnung: Schreibweise: $\dfrac{a}{b}=a:b$

Für alle a, c ∈ ℝ, b, d ∈ ℝ = ℝ \ {0} gilt:*

„Vorzeichen"regeln[1]): $\dfrac{-a}{b}=\dfrac{a}{-b}=-\dfrac{a}{b};\quad \dfrac{-a}{-b}=\dfrac{a}{b}$

Erweitern und Kürzen ($c\neq 0$): $\dfrac{a}{b}=\dfrac{a\cdot c}{b\cdot c};\quad \dfrac{a}{b}=\dfrac{a:c}{b:c}$

Addieren und Subtrahieren: $\dfrac{a}{b}\pm\dfrac{c}{b}=\dfrac{a\pm c}{b};\quad \dfrac{a}{b}\pm\dfrac{c}{d}=\dfrac{a\cdot d}{b\cdot d}\pm\dfrac{b\cdot c}{b\cdot d}=\dfrac{a\cdot d\pm b\cdot c}{b\cdot d}$

Multiplizieren und Dividieren ($c\neq 0$): $\dfrac{a}{b}\cdot\dfrac{c}{d}=\dfrac{a\cdot c}{b\cdot d};\quad \dfrac{a}{b}:\dfrac{c}{d}=\dfrac{a\cdot d}{b\cdot c}$

6.1.3. Anordnung

$a>b\Leftrightarrow\bigvee\limits_{x\in\mathbb{R}^+} a=b+x;\quad b<a\Leftrightarrow a>b;\quad a\geq b\Leftrightarrow(a>b\vee a=b)$

Für alle a, b, c ∈ ℝ gilt:

$$a>b\ \leftrightarrow\ a\pm c>b\pm c \qquad\qquad a>b\ \leftrightarrow\ -a<-b$$
$$a>b\wedge c>0\ \rightarrow\ a\cdot c>b\cdot c \qquad\qquad a>b\wedge c<0\ \rightarrow\ a\cdot c<b\cdot c$$
$$a>b\wedge c>0\ \rightarrow\ \tfrac{a}{c}>\tfrac{b}{c} \qquad\qquad a>b\wedge c<0\ \rightarrow\ \tfrac{a}{c}<\tfrac{b}{c}$$
$$a>b\wedge a\cdot b>0\ \rightarrow\ \tfrac{1}{a}<\tfrac{1}{b} \qquad\qquad a>b\wedge a\cdot b<0\ \rightarrow\ \tfrac{1}{a}>\tfrac{1}{b}$$
$$a>b>0\wedge r\in\mathbb{R}^+\ \rightarrow\ a^r>b^r \qquad\qquad a>b>0\wedge r\in\mathbb{R}^-\ \rightarrow\ a^r<b^r$$
$$a>1\wedge r>s\ \rightarrow\ a^r>a^s \qquad\qquad 0<a<1\wedge r>s\ \rightarrow\ a^r<a^s$$

6.1.4. Absoluter Betrag

$$|a|=\begin{cases} a, & \text{falls } a\geq 0\\ -a, & \text{falls } a\leq 0\end{cases} \qquad (|a|\ \text{lies: Betrag von } a)$$

Für alle a, b ∈ ℝ gilt:

$|a\pm b|\leq|a|+|b|;\quad |a\pm b|\geq\big||a|-|b|\big|;\quad |a\cdot b|=|a|\cdot|b|;\quad \left|\dfrac{a}{b}\right|=\dfrac{|a|}{|b|}\ (b\neq 0)$

6.1.5. Intervalle

Für a, b ∈ ℝ und a ≤ b wird definiert:

offenes Intervall: $]a, b[=\{x\,|\,x\in\mathbb{R}\ \text{und}\ a<x<b\}$

abgeschlossenes Intervall: $[a, b] =\{x\,|\,x\in\mathbb{R}\ \text{und}\ a\leq x\leq b\}$

[1]) Genauer: Regeln zum Rechnen mit dem Additionsinversen.

halboffenes Intervall:	$]a, b] = \{x \mid x \in \mathbb{R} \text{ und } a < x \leq b\}$
	$[a, b[= \{x \mid x \in \mathbb{R} \text{ und } a \leq x < b\}$

6.2. Weitere Gesetze als Formeln der Arithmetik

Formeln sind allgemeingültige Aussageformen auf der Grundmenge $\mathbb{R}$; jedoch muß die Grundmenge gegebenenfalls eingeschränkt werden, damit eventuell auftretende Nenner immer ungleich 0 sind.

6.2.1. Proportionen

$a : b = c : d$ (lies: a zu b wie c zu d) $\Longleftrightarrow \dfrac{a}{b} = \dfrac{c}{d}$

Produktform: $a : b = c : d \Longleftrightarrow a \cdot d = b \cdot c$

Mittlere Proportionale ($a, d \in \mathbb{R}^+$): $a : x = x : d \Longleftrightarrow x = \sqrt{a \cdot d}$

Korrespondierende Addition und Subtraktion:

$$\frac{a}{b} = \frac{c}{d} \Longleftrightarrow \frac{a}{a \pm b} = \frac{c}{c \pm d} \Longleftrightarrow \frac{a \pm b}{b} = \frac{c \pm d}{d} \Longleftrightarrow \frac{a + b}{a - b} = \frac{c + d}{c - d}$$

(a, b) heißt **quotientgleich** zu $(c, d) \Longleftrightarrow \dfrac{a}{b} = \dfrac{c}{d}$

(a, b) heißt **produktgleich** zu $(c, d) \Longleftrightarrow a \cdot b = c \cdot d$

Eine physikalische Größe A heißt genau dann **proportional** zu einer physikalischen Größe B (in Zeichen: $A \sim B$), wenn es einen Faktor k gibt, so daß stets gilt: $A = k \cdot B$. k heißt **Proportionalitätsfaktor.**

Sind A, B, C physikalische Größen, *so gilt:*

$\left. \begin{array}{l} A \sim B, C \text{ konstant} \\ A \sim C, B \text{ konstant} \end{array} \right\} \Rightarrow A \sim B \cdot C; \quad A \sim B, B \sim C \Rightarrow A \sim C$

6.2.2. Mittelwerte

Mittelwerte	Zwei Glieder	n Glieder ($n \in \mathbb{N}$)
Arithmetische Mittel:	$\dfrac{a + b}{2}$	$\dfrac{1}{n}(a_1 + a_2 + \ldots + a_n)$
Geometrische Mittel:	$\sqrt{ab}$	$\sqrt[n]{a_1 a_2 \ldots a_n}$
Harmonische Mittel:	$\dfrac{2}{\frac{1}{a} + \frac{1}{b}} = \dfrac{2ab}{a + b}$	$\dfrac{n}{\frac{1}{a_1} + \frac{1}{a_2} + \ldots + \frac{1}{a_n}}$

6.2.3. Binomische Formeln

1. $(a + b)^2 = a^2 + 2ab + b^2$ 2. $(a - b)^2 = a^2 - 2ab + b^2$

3. $(a + b)(a - b) = a^2 - b^2$

Die zweite binomische Formel ergibt sich aus der ersten, indem man $-b$ für b einsetzt. Entsprechend lassen sich aus folgenden Formeln weitere herleiten.

$(a + b)^3 = a^3 + 3a^2 b + 3ab^2 + b^3$

$(a + b + c)^2 = a^2 + b^2 + c^2 + 2ab + 2ac + 2bc$

$a^3 + b^3 = (a + b)(a^2 - ab + b^2)$

$a^n - b^n = (a - b)(a^{n-1} + a^{n-2}b + a^{n-3}b^2 + \ldots + b^{n-1})$

Binomischer Satz: Für alle $a, b \in \mathbb{R}$, $n \in \mathbb{N}$ gilt:

$$(a + b)^n = a^n + \binom{n}{1}a^{n-1}b + \binom{n}{2}a^{n-2}b^2 + \ldots + \binom{n}{k}a^{n-k}b^k + \ldots + b^n = \sum_{k=0}^{n} \binom{n}{k}a^{n-k}b^k$$

Fakultät: $1 \cdot 2 \cdot 3 \cdot \ldots \cdot k = k!$ (k Fakultät) $0! = 1$

Stirlingsche Formel: $\left(\frac{n}{e}\right)^n \cdot \sqrt{2\pi n} < n! < \left(\frac{n}{e}\right)^n \cdot \sqrt{2\pi n}\left(1 + \frac{1}{10^n}\right)$;

ist n genügend groß, so gilt: $n! \approx \left(\frac{n}{e}\right)^n \cdot \sqrt{2\pi n}$

Binomialkoeffizienten: $\binom{n}{0} = 1$; $\binom{n}{k} = \dfrac{n(n-1)(n-2)\ldots(n-k+1)}{1 \cdot 2 \cdot 3 \cdot \ldots \cdot k}$ ($n \geqslant k > 0$)

Es gilt: $\binom{n}{k} + \binom{n}{k+1} = \binom{n+1}{k+1}$; $\binom{n}{k} = \dfrac{n!}{k!\,(n-k)!} = \binom{n}{n-k}$

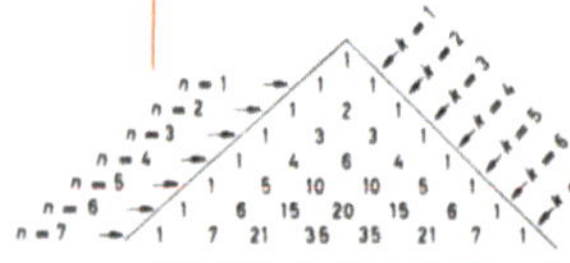

Pascalsches Dreieck:

Jedes innere Glied ist gleich der Summe der beiden links und rechts darüber stehenden Glieder. Die Glieder des Pascalschen Dreiecks sind Binomialkoeffizienten $\binom{n}{k}$

6.2.4.   Potenzen (Wurzeln)

Für $n \in \mathbb{N}$ und $a \in \mathbb{R}$: $a^n = \underbrace{a \cdot a \cdot \ldots \cdot a}_{n \text{ Faktoren}}$ a heißt **Basis** n heißt **Exponent**

Für $x \in \mathbb{Z}$ und $a \in \mathbb{R}$: a^x wie oben, falls $x > 0$;

$\qquad a^x = \dfrac{1}{a^{-x}}$, falls $x < 0$ und $a \neq 0$;

$\qquad a^0 = 1$, falls $a \neq 0$.

Für $x \in \mathbb{Q}$ und $a \in \mathbb{R}^+$: $a^x = a^{\frac{p}{q}}$ ($p \in \mathbb{Z}$, $q \in \mathbb{N}$) ist diejenige positive reelle Zahl, für die gilt: $(a^x)^q = a^p$.

Für $x \in \mathbb{R}$ und $a \in \mathbb{R}^+$: Ist $x = \lim x_n$ für $x_n \in \mathbb{Q}$, so wird definiert:

$\qquad a^x = \lim a^{x_n}$ (siehe 14.1.).

Für $x = \dfrac{1}{m}$, $m \in \mathbb{N}$, und $a \in \mathbb{R}^+$ schreibt man auch: $a^{\frac{1}{m}} = \sqrt[m]{a}$

($\sqrt[m]{a}$ lies: m-te **Wurzel** aus a, a heißt **Radikand**, m **Wurzelexponent**).

Für alle $a, b \in \mathbb{R}^+$ und alle $r, s \in \mathbb{R}$, $m \in \mathbb{N}$ gilt:

$a^r \cdot a^s = a^{r+s}$ $\qquad$ $a^r : a^s = a^{r-s}$ $\qquad\qquad$ $a^{-s} = \dfrac{1}{a^s}$

$a^r \cdot b^r = (a \cdot b)^r$ $\qquad$ $a^r : b^r = \left(\dfrac{a}{b}\right)^r$ $\qquad$ $\sqrt[m]{a} \cdot \sqrt[m]{b} = \sqrt[m]{a \cdot b}$

$(a^r)^s = a^{r \cdot s} = (a^s)^r$ $\qquad\qquad\qquad$ $\sqrt[m]{a^s} = a^{\frac{s}{m}} = \left(\sqrt[m]{a}\right)^s$

6.2.5. Logarithmen

Für alle $y \in \mathbb{R}$, $x \in \mathbb{R}^+$ und $b \in \mathbb{R}^+ \setminus \{1\}$ wird definiert:

$$\log_b x = y \leftrightarrow b^y = x$$

($y = \log_b x$ wird gelesen: y gleich Logarithmus (von) x zur Basis b, x heißt Numerus von y)

Zehnerlogarithmus: $\lg a = m + k$
(Briggsscher oder $\lg = \log_{10}$ $0 \leqslant m < 1$ Mantisse
dekadischer Logarithmus) $k \in \mathbb{Z}$ Kennziffer

Natürlicher Logarithmus:
(logarithmus naturalis) $\ln = \log_e$ mit $e = \lim(1 + \tfrac{1}{n})^n = 2{,}71828\ldots$

Für alle $x, y \in \mathbb{R}^+$, $a, b \in \mathbb{R}^+ \setminus \{1\}$, $r \in \mathbb{R}$ und $n \in \mathbb{N}$ gilt:

Umrechnung: $\log_b x = \log_a x \cdot \log_b a$ ($\log_b a = \frac{1}{\log_a b}$)

$$\ln x = \lg x \cdot \ln 10 \quad (\ln 10 = \tfrac{1}{\lg e} = 2{,}302\,585\ldots)$$

$$\lg x = \ln x \cdot \lg e \quad (\lg e = \tfrac{1}{\ln 10} = 0{,}434\,294\ldots)$$

Rechenregeln: $\log_b(x \cdot y) = \log_b x + \log_b y$ $\log_b \frac{x}{y} = \log_b x - \log_b y$

$$\log_b x^r = r \cdot \log_b x \qquad \log_b \sqrt[n]{x} = \tfrac{1}{n} \cdot \log_b x$$

Insbesondere gilt für Zehnerlogarithmen mit $a \in \mathbb{R}^+$, $1 \leqslant s < 10$, $k \in \mathbb{Z}$:
$\lg a = \lg(s \cdot 10^k) = \lg s + \lg 10^k = m + k$ (siehe oben)

7. Der Körper der komplexen Zahlen

$\mathbb{C}$ läßt sich definieren als $\{(a, b) \,|\, a, b \in \mathbb{R}\}$ mit den folgenden Verknüpfungen:

$$(a_1, b_1) + (a_2, b_2) = (a_1 + a_2, b_1 + b_2)$$
$$(a_1, b_1) \cdot (a_2, b_2) = (a_1 a_2 - b_1 b_2, a_1 b_2 + a_2 b_1)$$

Dann ist $(\mathbb{C}, +, \cdot)$ ein Körper (siehe 4.4.).

Übliche Schreibweise: $z = a + bi$ statt $z = (a, b)$

Es gilt: $i^2 = (0, 1)^2 = (-1, 0) = -1$; $i^3 = -i$; $i^4 = 1$; ...

Betrag: $|z| = |a + bi| = \sqrt{a^2 + b^2}$

Darstellung in Polarkoordinaten:

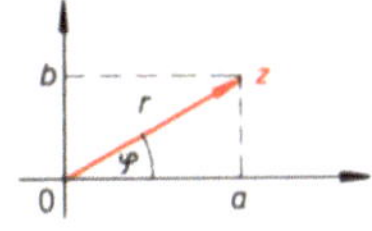

$$z = r[\cos(\varphi + 2k\pi) + i\sin(\varphi + 2k\pi)]$$
$$= r\,e^{i(\varphi + 2k\pi)}, \quad k \in \mathbb{Z}$$

Es gilt: $|z| = r = \sqrt{a^2 + b^2}$; $\tan\varphi = \frac{b}{a}$; $a = r\cos\varphi$; $b = r\sin\varphi$

Addition und Subtraktion:
$$z_1 \pm z_2 = (a_1 + b_1 i) \pm (a_2 + b_2 i) = (a_1 \pm a_2) + (b_1 \pm b_2)i$$

Multiplikation:

$$z_1 \cdot z_2 = (a_1 + b_1 \mathrm{i}) \cdot (a_2 + b_2 \mathrm{i}) = (a_1 a_2 - b_1 b_2) + (a_1 b_2 + a_2 b_1)\,\mathrm{i}$$
$$= r_1 r_2 [\cos(\varphi_1 + \varphi_2) + \mathrm{i}\sin(\varphi_1 + \varphi_2)]$$
$$= r_1 r_2\, \mathrm{e}^{\mathrm{i}(\varphi_1 + \varphi_2)}$$

Division: $\dfrac{z_1}{z_2} = \dfrac{a_1 + b_1 \mathrm{i}}{a_2 + b_2 \mathrm{i}} = \dfrac{a_1 + b_1 \mathrm{i}}{a_2 + b_2 \mathrm{i}} \cdot \dfrac{a_2 - b_2 \mathrm{i}}{a_2 - b_2 \mathrm{i}} = \dfrac{a_1 a_2 + b_1 b_2}{a_2^2 + b_2^2} + \dfrac{a_2 b_1 - a_1 b_2}{a_2^2 + b_2^2}\,\mathrm{i}$

$z_2 \neq 0$

$$= \frac{r_1}{r_2}\,[\cos(\varphi_1 - \varphi_2) + \mathrm{i}\sin(\varphi_1 - \varphi_2)] = \frac{r_1}{r_2}\,\mathrm{e}^{\mathrm{i}(\varphi_1 - \varphi_2)}$$

Moivresche Formeln:

Potenzieren $(m \in \mathbb{Z})$: $z^m = (a + b\mathrm{i})^m = r^m (\cos m\varphi + \mathrm{i}\sin m\varphi) = r^m \mathrm{e}^{\mathrm{i}m\varphi}$

Radizieren: Für $z = r(\cos\varphi + \mathrm{i}\sin\varphi)$ sind die Lösungen der Gleichung
$w^n = z,\ n \in \mathbb{N}$:

$$\sqrt[n]{r}\left[\cos\frac{\varphi + 2k\pi}{n} + \mathrm{i}\sin\frac{\varphi + 2k\pi}{n}\right] \qquad \text{bzw.} \qquad \sqrt[n]{r}\,\mathrm{e}^{\mathrm{i}\frac{\varphi + 2k\pi}{n}} \qquad (k = 0,1,\dots,n-1)$$

n-te **Einheitswurzeln**, $\epsilon_1, \dots, \epsilon_n$, sind die Lösungen der Gleichung $w^n = 1$ $(n \in \mathbb{N})$.

Es gilt: $\epsilon_k = \cos\dfrac{2k\pi}{n} + \mathrm{i}\sin\dfrac{2k\pi}{n} = \mathrm{e}^{\mathrm{i}\frac{2k\pi}{n}}$ $\qquad (k = 0,1,\dots,n-1)$

Die *dritten Einheitswurzeln* $\epsilon_1, \epsilon_2, \epsilon_3$ sind: $1;\ \dfrac{-1 + \mathrm{i}\sqrt{3}}{2};\ \dfrac{-1 - \mathrm{i}\sqrt{3}}{2}$

Konjugiert komplexe Zahlen:

$\bar{z} = a - b\mathrm{i}$ heißt die zu $z = a + b\mathrm{i}$ konjugiert komplexe Zahl.

Es gilt: $z + \bar{z} = 2a;\quad z - \bar{z} = 2b\mathrm{i};\quad z \cdot \bar{z} = a^2 + b^2 = r^2$

8.   Vektoren in der Geometrie

8.1.   Allgemeines

Ein Punktepaar (A, B) heißt **Pfeil**. A heißt **Ausgangspunkt** (Anfangspunkt), B **Zielpunkt** (Endpunkt). Jeder Pfeil hat eine bestimmte Länge, Richtung und Orientierung. Pfeile, die in diesen drei Eigenschaften übereinstimmen, heißen **parallelgleich**, in Zeichen: $(A, B)\,\#\,(C, D)$.

Es gilt: $(A, B)\,\#\,(C, D) \Longleftrightarrow ABDC$ ist ein Parallelogramm.

Jede Menge $\vec{AB} = \{(P, Q) \mid (P, Q)\,\#\,(A, B)\}$ **heißt Vektor.**

Ein Vektor ist also die Menge aller zu einem Pfeil parallelgleichen Pfeile.

Bezeichnung: $\vec{AB},\ \vec{PQ},\ \vec{a},\ \vec{b},\ \dots$

Die Menge aller Vektoren in der Ebene (im Raum) bezeichnet man mit $\mathbb{V}_2$ ($\mathbb{V}_3$).

Es sei O ein ausgezeichneter Punkt (Ursprung). Dann heißt jeder Pfeil (O, A) **Ortsvektor**.

Bezeichnung: $\overrightarrow{OA}, \overrightarrow{OB}, \vec{a}, \vec{b}, \dots$

Die Menge aller Ortsvektoren bezeichnet man mit W_O.

Verknüpfungen

Auf W_2 bzw. W_3 und W_O läßt sich je eine **Addition** von Vektoren und eine **Multiplikation** mit einer reellen Zahl definieren (siehe Zeichnung).

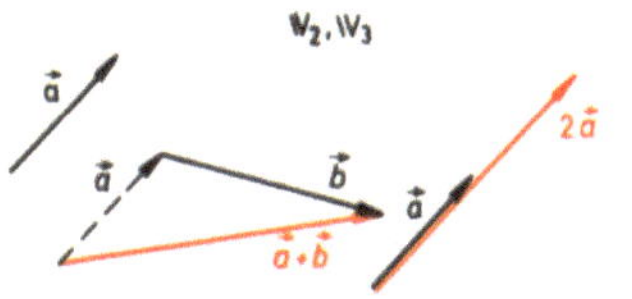
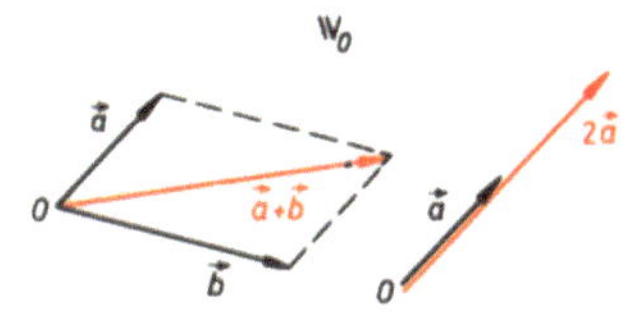

Für diese Verknüpfungen auf W_2, W_3 bzw. W_O sind die Gesetze des Vektorraumes (siehe 4.5.) erfüllt.

Koordinatensysteme

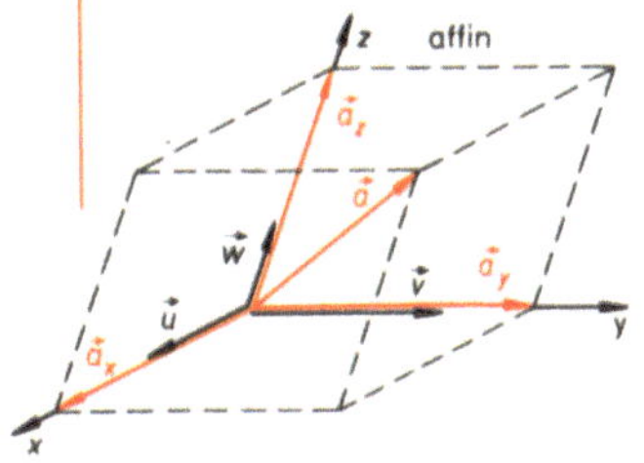
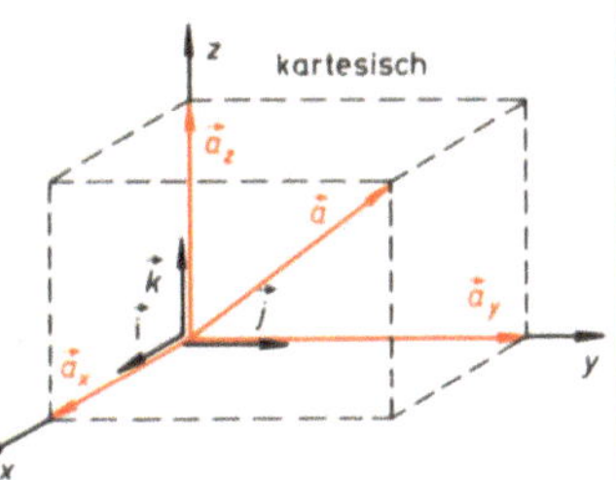

Basisvektoren $\vec{u}, \vec{v}, \vec{w}$

Basisvektoren $\vec{i}, \vec{j}, \vec{k}$, für die gilt:
$$|\vec{i}| = |\vec{j}| = |\vec{k}| = 1 \quad \text{und} \quad \vec{i} \perp \vec{j} \perp \vec{k} \perp \vec{i}$$
und $\vec{i}, \vec{j}, \vec{k}$ bilden ein Rechtssystem[1]

Komponentendarstellung:

$$\vec{a} = \vec{a}_x + \vec{a}_y + \vec{a}_z = x \cdot \vec{u} + y \cdot \vec{v} + z \cdot \vec{w}$$

$$\vec{a} = \vec{a}_x + \vec{a}_y + \vec{a}_z = x \cdot \vec{i} + y \cdot \vec{j} + z \cdot \vec{k}$$

$$= \begin{pmatrix} x \\ y \\ z \end{pmatrix} \qquad\qquad = \begin{pmatrix} x \\ y \\ z \end{pmatrix}$$

[1] Daumen, Zeigefinger und Mittelfinger der rechten Hand für $\vec{i}, \vec{j}, \vec{k}$.

Zwei von $\vec{0}$ verschiedene Vektoren heißen genau dann **kollinear**, wenn sie linear abhängig (siehe 4.5.) sind.

Zwei von $\vec{0}$ verschiedene Vektoren $\vec{a}, \vec{b}$ sind genau dann kollinear, wenn gilt:

$$\bigvee_{\lambda,\mu \in \mathbb{R}} (\lambda \cdot \vec{a} + \mu \cdot \vec{b} = \vec{0} \wedge \lambda^2 + \mu^2 \neq 0) \quad \text{oder} \quad \bigvee_{\rho \in \mathbb{R}} \vec{a} = \rho \cdot \vec{b},$$

d. h. wenn es eine Gerade gibt, zu der $\vec{a}$ und $\vec{b}$ parallel sind.

Drei von $\vec{0}$ verschiedene Vektoren heißen genau dann **komplanar**, wenn sie linear abhängig (siehe 4.5.) sind.

Drei von $\vec{0}$ verschiedene Vektoren $\vec{a}, \vec{b}, \vec{c}$ sind genau dann komplanar, wenn gilt:

$$\bigvee_{\lambda,\mu,\nu \in \mathbb{R}} (\lambda \cdot \vec{a} + \mu \cdot \vec{b} + \nu \cdot \vec{c} = \vec{0} \wedge \lambda^2 + \mu^2 + \nu^2 \neq 0),$$

d. h. wenn es eine Ebene gibt, zu der $\vec{a}, \vec{b}$ und $\vec{c}$ parallel sind.

In kartesischen Koordinaten gilt:

Betrag (Länge) von $\vec{a}$: $|\vec{a}| = a = \sqrt{x^2 + y^2 + z^2} \geqslant 0$

Winkel zwischen $\vec{a}$ und den Koordinatenachsen ($\vec{a} \neq \vec{0}$):

$$\cos(\vec{i}, \vec{a}) = \frac{x}{a}; \quad \cos(\vec{j}, \vec{a}) = \frac{y}{a}; \quad \cos(\vec{k}, \vec{a}) = \frac{z}{a}$$

$$(\cos(\vec{i}, \vec{a}))^2 + (\cos(\vec{j}, \vec{a}))^2 + (\cos(\vec{k}, \vec{a}))^2 = 1$$

Einheitsvektor in Richtung $\vec{a}$ ($\vec{a} \neq \vec{0}$): $\vec{a}^0 = \frac{\vec{a}}{a}$; $\quad \vec{a} = a \cdot \vec{a}^0 = |\vec{a}| \cdot \vec{a}^0$

8.2. Produkte

Skalarprodukt (siehe 4.5.)

$$\vec{a} \cdot \vec{b} = |\vec{a}| \cdot |\vec{b}| \cdot \cos(\vec{a}, \vec{b})$$

Es gilt:

$$\begin{pmatrix} a_x \\ a_y \\ a_z \end{pmatrix} \cdot \begin{pmatrix} b_x \\ b_y \\ b_z \end{pmatrix} = a_x b_x + a_y b_y + a_z b_z \qquad \begin{aligned} & |\vec{a}| = a = \sqrt{\vec{a} \cdot \vec{a}} \\ & \vec{a} \cdot \vec{b} = 0 \Leftrightarrow \vec{a} \perp \vec{b} \\ & \vec{i} \cdot \vec{j} = \vec{j} \cdot \vec{k} = \vec{i} \cdot \vec{k} = 0; \quad \vec{i} \cdot \vec{i} = \vec{j} \cdot \vec{j} = \vec{k} \cdot \vec{k} = 1 \end{aligned}$$

Kreuzprodukt

$\vec{a} \times \vec{b}$ wird definiert als der Vektor, der die folgenden Bedingungen erfüllt:

(1) $\quad |\vec{a} \times \vec{b}| = ab \sin(\vec{a}, \vec{b}) \qquad (0° \leqslant \sphericalangle (\vec{a}, \vec{b}) \leqslant 180°)$

(2) $\quad (\vec{a} \times \vec{b}) \perp \vec{a}; \; (\vec{a} \times \vec{b}) \perp \vec{b}$

(3) $\quad \vec{a}, \vec{b}, \vec{a} \times \vec{b}$ bilden ein Rechtssystem

$\quad$ (siehe Fußnote S. 20)

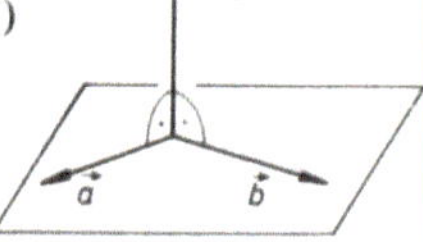

Gesetze:

Antikommutativgesetz: $\bigwedge\limits_{\vec{a},\vec{b}\,\in\,\mathbf{V}_3} \vec{a} \times \vec{b} = -\vec{b} \times \vec{a}$

Gemischt-assoziativ-Gesetz: $\bigwedge\limits_{\vec{a},\vec{b}\,\in\,\mathbf{V}_3} \bigwedge\limits_{\lambda\,\in\,\mathbb{R}} \lambda \cdot (\vec{a} \times \vec{b}) = (\lambda \cdot \vec{a}) \times \vec{b} = \vec{a} \times (\lambda \cdot \vec{b})$

Distributivgesetz: $\bigwedge\limits_{\vec{a},\vec{b},\vec{c}\,\in\,\mathbf{V}_3} \vec{a} \times (\vec{b} + \vec{c}) = \vec{a} \times \vec{b} + \vec{a} \times \vec{c}$

Weitere Sätze:

$\vec{a} \times \vec{a} = \vec{0}; \quad |\vec{a} \times \vec{b}| = ab \iff \vec{a} \perp \vec{b}$

$\vec{a} \times \vec{b} = \vec{0} \iff (\vec{a},\vec{b})$ linear abhängig

$\vec{i} \times \vec{i} = \vec{j} \times \vec{j} = \vec{k} \times \vec{k} = \vec{0}; \quad \vec{i} \times \vec{j} = \vec{k}; \quad \vec{j} \times \vec{k} = \vec{i}; \quad \vec{k} \times \vec{i} = \vec{j}$

Spatprodukt

$\vec{a}\,\vec{b}\,\vec{c} = \vec{a} \cdot (\vec{b} \times \vec{c})$

Es gilt: $\vec{a}\,\vec{b}\,\vec{c} = a_x b_y c_z + b_x c_y a_z + c_x a_y b_z - c_x b_y a_z - b_x a_y c_z - a_x c_y b_z$

$$= \begin{vmatrix} a_x & b_x & c_x \\ a_y & b_y & c_y \\ a_z & b_z & c_z \end{vmatrix} \quad \text{(siehe 9.1.2.)}$$

$\vec{a}\,\vec{b}\,\vec{c} = \vec{b}\,\vec{c}\,\vec{a} = \vec{c}\,\vec{a}\,\vec{b} = -\vec{b}\,\vec{a}\,\vec{c} = -\vec{c}\,\vec{b}\,\vec{a} = -\vec{a}\,\vec{c}\,\vec{b}$

$\vec{i}\,\vec{j}\,\vec{k} = 1$

9. Systeme linearer Gleichungen

9.1. Matrizen und Determinanten

9.1.1. Matrizen

Eine Matrix mit m Zeilen und n Spalten ist ein System von $n \cdot m$ Zahlen (ein m-Tupel von n-Tupeln), das man in der Form

$$\begin{pmatrix} \alpha_{11} & \alpha_{12} & \cdots & \alpha_{1n} \\ \alpha_{21} & \alpha_{22} & \cdots & \alpha_{2n} \\ \cdot & \cdot & & \cdot \\ \cdot & \cdot & & \cdot \\ \cdot & \cdot & & \cdot \\ \alpha_{m1} & \alpha_{m2} & \cdots & \alpha_{mn} \end{pmatrix}$$

schreibt. Die Menge aller Matrizen mit m Zeilen und n Spalten nennt man $\mathbb{M}_{m,n}$. Ist $n = m$, so heißt die Matrix quadratisch.

9.1.2. Determinanten

Zweireihige Determinante: $\begin{vmatrix} \alpha_{11} & \alpha_{12} \\ \alpha_{21} & \alpha_{22} \end{vmatrix} = \alpha_{11}\,\alpha_{22} - \alpha_{12}\,\alpha_{21}$

Dreireihige Determinante:
$$\begin{vmatrix} \alpha_{11} & \alpha_{12} & \alpha_{13} \\ \alpha_{21} & \alpha_{22} & \alpha_{23} \\ \alpha_{31} & \alpha_{32} & \alpha_{33} \end{vmatrix} = \alpha_{11} \begin{vmatrix} \alpha_{22} & \alpha_{23} \\ \alpha_{32} & \alpha_{33} \end{vmatrix} - \alpha_{21} \begin{vmatrix} \alpha_{12} & \alpha_{13} \\ \alpha_{32} & \alpha_{33} \end{vmatrix} + \alpha_{31} \begin{vmatrix} \alpha_{12} & \alpha_{13} \\ \alpha_{22} & \alpha_{23} \end{vmatrix} =$$

$$= \alpha_{11}\alpha_{22}\alpha_{33} + \alpha_{12}\alpha_{23}\alpha_{31} + \alpha_{13}\alpha_{21}\alpha_{32} - \alpha_{31}\alpha_{22}\alpha_{13} - \alpha_{32}\alpha_{23}\alpha_{11} - \alpha_{33}\alpha_{21}\alpha_{12}$$

Entsprechend sind n-reihige Determinanten definiert.

Regel von Sarrus (gilt nur für dreireihige Determinanten):

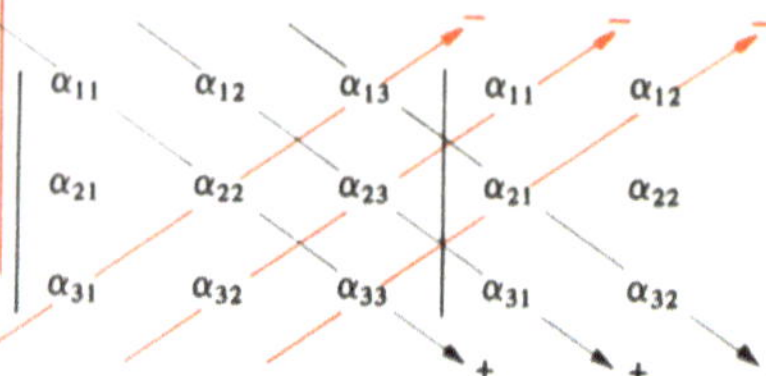

Es gelten folgende Sätze:

1. Stürzen:
$$\begin{vmatrix} \alpha_{11} & \alpha_{12} & \alpha_{13} \\ \alpha_{21} & \alpha_{22} & \alpha_{23} \\ \alpha_{31} & \alpha_{32} & \alpha_{33} \end{vmatrix} = \begin{vmatrix} \alpha_{11} & \alpha_{21} & \alpha_{31} \\ \alpha_{12} & \alpha_{22} & \alpha_{32} \\ \alpha_{13} & \alpha_{23} & \alpha_{33} \end{vmatrix}$$

2. Rändern:
$$\begin{vmatrix} \alpha_{11} & \alpha_{12} \\ \alpha_{21} & \alpha_{22} \end{vmatrix} = \begin{vmatrix} 1 & 0 & 0 \\ \alpha & \alpha_{11} & \alpha_{12} \\ \beta & \alpha_{21} & \alpha_{22} \end{vmatrix} \qquad (\alpha, \beta \in \mathbb{R})$$

3. Vertauscht man zwei Parallelreihen (d. h. zwei Spalten oder zwei Zeilen), so ändert die Determinante ihr Vorzeichen; z. B.:
$$\begin{vmatrix} \alpha_{11} & \alpha_{12} & \alpha_{13} \\ \alpha_{21} & \alpha_{22} & \alpha_{23} \\ \alpha_{31} & \alpha_{32} & \alpha_{33} \end{vmatrix} = - \begin{vmatrix} \alpha_{13} & \alpha_{12} & \alpha_{11} \\ \alpha_{23} & \alpha_{22} & \alpha_{21} \\ \alpha_{33} & \alpha_{32} & \alpha_{31} \end{vmatrix}$$

4. Sind zwei Parallelreihen (d. h. zwei Spalten oder zwei Zeilen) gleich oder proportional, so ist die Determinante gleich Null; z. B.:
$$\begin{vmatrix} \alpha_{11} & \alpha_{12} & \alpha_{13} \\ \alpha_{21} & \alpha_{22} & \alpha_{23} \\ \lambda\alpha_{11} & \lambda\alpha_{12} & \lambda\alpha_{13} \end{vmatrix} = 0 \qquad (\lambda \in \mathbb{R})$$

5. Summe:
$$\begin{vmatrix} \alpha_{11} & \alpha_{12} & \alpha_{13}+\beta_1 \\ \alpha_{21} & \alpha_{22} & \alpha_{23}+\beta_2 \\ \alpha_{31} & \alpha_{32} & \alpha_{33}+\beta_3 \end{vmatrix} = \begin{vmatrix} \alpha_{11} & \alpha_{12} & \alpha_{13} \\ \alpha_{21} & \alpha_{22} & \alpha_{23} \\ \alpha_{31} & \alpha_{32} & \alpha_{33} \end{vmatrix} + \begin{vmatrix} \alpha_{11} & \alpha_{12} & \beta_1 \\ \alpha_{21} & \alpha_{22} & \beta_2 \\ \alpha_{31} & \alpha_{32} & \beta_3 \end{vmatrix}$$

Entsprechend bei jeder anderen Spalte und jeder Zeile.

6. Eine Determinante wird mit einem Faktor multipliziert, indem man jedes Glied entweder einer beliebigen Spalte oder einer beliebigen Zeile mit dem Faktor multipliziert; z. B.:

$$\lambda \begin{vmatrix} \alpha_{11} & \alpha_{12} & \alpha_{13} \\ \alpha_{21} & \alpha_{22} & \alpha_{23} \\ \alpha_{31} & \alpha_{32} & \alpha_{33} \end{vmatrix} = \begin{vmatrix} \alpha_{11} & \lambda\alpha_{12} & \alpha_{13} \\ \alpha_{21} & \lambda\alpha_{22} & \alpha_{23} \\ \alpha_{31} & \lambda\alpha_{32} & \alpha_{33} \end{vmatrix} = \begin{vmatrix} \alpha_{11} & \alpha_{12} & \alpha_{13} \\ \alpha_{21} & \alpha_{22} & \alpha_{23} \\ \lambda\alpha_{31} & \lambda\alpha_{32} & \lambda\alpha_{33} \end{vmatrix} \quad (\lambda \in \mathbb{R})$$

7. Eine Determinante ändert ihren Wert nicht, wenn man zu jedem Glied einer Reihe (Spalte oder Zeile) das entsprechende Glied einer mit einem gemeinsamen Faktor multiplizierten Parallelreihe addiert; z. B.:

$$\begin{vmatrix} \alpha_{11} & \alpha_{12} & \alpha_{13} \\ \alpha_{21} & \alpha_{22} & \alpha_{23} \\ \alpha_{31} & \alpha_{32} & \alpha_{33} \end{vmatrix} = \begin{vmatrix} \alpha_{11} + \lambda\alpha_{21} & \alpha_{12} + \lambda\alpha_{22} & \alpha_{13} + \lambda\alpha_{23} \\ \alpha_{21} & \alpha_{22} & \alpha_{23} \\ \alpha_{31} & \alpha_{32} & \alpha_{33} \end{vmatrix}$$

$$(\lambda \in \mathbb{R})$$

9.2. Lineare Gleichungssysteme

9.2.1. Lösbarkeit (nicht-eindeutige und eindeutige)

Ein (m, n)-**System** ist ein Gleichungssystem von m linearen Gleichungen mit n Variablen.

$$\alpha_{11} x_1 + \alpha_{12} x_2 + \dots + \alpha_{1n} x_n = k_1$$
$$\vdots \qquad\qquad \vdots$$
$$\alpha_{m1} x_1 + \alpha_{m2} x_2 + \dots + \alpha_{mn} x_n = k_m$$

Das n-Tupel $(x_1^*, x_2^*, \dots, x_n^*)$ heißt **Lösung** des Gleichungssystems, wenn für alle $i = 1, 2, \dots, m$ gilt:

$$\alpha_{i1} x_1^* + \alpha_{i2} x_2^* + \dots + \alpha_{in} x_n^* = k_i$$

Das Gleichungssystem läßt sich auch schreiben als:

$$x_1 \circ \vec{a}_1 \oplus x_2 \circ \vec{a}_2 \oplus \dots \oplus x_n \circ \vec{a}_n = \vec{k},$$

wobei $\vec{a}_j = \begin{pmatrix} \alpha_{1j} \\ \vdots \\ \alpha_{mj} \end{pmatrix}$ und $\vec{k} = \begin{pmatrix} k_1 \\ \vdots \\ k_m \end{pmatrix}$ (siehe 4.5.) ist.

Ist $\vec{k} = \vec{0}$, d. h. $k_i = 0$ für alle $i = 1, \dots, m$, so heißt das System **homogen**, sonst **inhomogen**.

Zu jedem inhomogenen System läßt sich ein dazugehöriges homogenes System angeben, indem man an die Stelle von $\vec{k}$ den Vektor $\vec{0}$ setzt.

Es gilt:

1. Die Lösungsmenge L_h eines homogenen Systems bildet mit $\oplus$ und $\circ$ einen Untervektorraum von $(\mathbb{R}^n, \oplus, \circ)$ (siehe 4.5.).

2. Hat man einen speziellen Lösungsvektor $\vec{x}_p$ (Partikulärlösung) eines Gleichungssystems gefunden, so gilt für die Lösungsmenge L des Systems: $L = \{\vec{x}_p \oplus \vec{x} \mid \vec{x} \in L_h\}$, wobei L_h die Lösungsmenge des zugehörigen homogenen Systems ist.

9.2.2. Eindeutige Lösbarkeit

(2,2)-System
$$\alpha_{11} x_1 + \alpha_{12} x_2 = k_1$$
$$\alpha_{21} x_1 + \alpha_{22} x_2 = k_2$$

Genau dann, wenn $D = \begin{vmatrix} \alpha_{11} & \alpha_{12} \\ \alpha_{21} & \alpha_{22} \end{vmatrix} \neq 0$ ist, existiert eine Lösung und ist diese eindeutig:

$$x_1^* = \frac{D_1}{D}, \quad x_2^* = \frac{D_2}{D}, \quad \text{wobei } D_1 = \begin{vmatrix} k_1 & \alpha_{12} \\ k_2 & \alpha_{22} \end{vmatrix}, \quad D_2 = \begin{vmatrix} \alpha_{11} & k_1 \\ \alpha_{21} & k_2 \end{vmatrix} \text{ ist.}$$

(3,3)-System
$$\alpha_{11} x_1 + \alpha_{12} x_2 + \alpha_{13} x_3 = k_1$$
$$\alpha_{21} x_1 + \alpha_{22} x_2 + \alpha_{23} x_3 = k_2$$
$$\alpha_{31} x_1 + \alpha_{32} x_2 + \alpha_{33} x_3 = k_3$$

Genau dann, wenn $D = \begin{vmatrix} \alpha_{11} & \alpha_{12} & \alpha_{13} \\ \alpha_{21} & \alpha_{22} & \alpha_{23} \\ \alpha_{31} & \alpha_{32} & \alpha_{33} \end{vmatrix} \neq 0$ ist, existiert eine Lösung und ist diese eindeutig:

$$x_1^* = \frac{D_1}{D}, \quad x_2^* = \frac{D_2}{D}, \quad x_3^* = \frac{D_3}{D}, \quad \text{wobei}$$

$$D_1 = \begin{vmatrix} k_1 & \alpha_{12} & \alpha_{13} \\ k_2 & \alpha_{22} & \alpha_{23} \\ k_3 & \alpha_{32} & \alpha_{33} \end{vmatrix}, \quad D_2 = \begin{vmatrix} \alpha_{11} & k_1 & \alpha_{13} \\ \alpha_{21} & k_2 & \alpha_{23} \\ \alpha_{31} & k_3 & \alpha_{33} \end{vmatrix}, \quad D_3 = \begin{vmatrix} \alpha_{11} & \alpha_{12} & k_1 \\ \alpha_{21} & \alpha_{22} & k_2 \\ \alpha_{31} & \alpha_{32} & k_3 \end{vmatrix} \text{ ist.}$$

Entsprechendes gilt für (n, n)-Systeme.

10. Allgemeine Gleichungen in einer Variablen

Gleichung n-ten Grades in **Normalform**:

$$f(x) = x^n + \alpha_{n-1} x^{n-1} + \alpha_{n-2} x^{n-2} + \ldots + \alpha_1 x + \alpha_0 = 0$$

Fundamentalsatz der Algebra

Jede Gleichung n-ten Grades besitzt mindestens eine Lösung in $\mathbb{C}$ ($n \in \mathbb{N}$).

Folgerung: $f(x) = x^n + \alpha_{n-1} x^{n-1} + \alpha_{n-2} x^{n-2} + \ldots + \alpha_1 x + \alpha_0$ läßt sich stets über $\mathbb{C}$ in Linearfaktoren zerlegen: $f(x) = (x - x_1)(x - x_2) \ldots (x - x_n)$ mit $x_\nu \in \mathbb{C}$.

Die Lösungsmenge der Gleichung $f(x) = 0$ ist dann: $L = \{x_1, x_2, \ldots, x_n\}$.
Dabei kann ein und dieselbe Zahl mehrfach als Lösung auftreten, d. h. L braucht nicht n-elementig zu sein.

Satz von Viëta:

$$\alpha_{n-1} = -(x_1 + x_2 + \ldots + x_n) = - \sum_{\nu=1}^{n} x_\nu$$

$$\alpha_{n-2} = (x_1 x_2 + x_1 x_3 + \ldots + x_1 x_n) + (x_2 x_3 + x_2 x_4 + \ldots + x_2 x_n) + \ldots + x_{n-1} x_n = \sum_{\substack{\nu, \mu = 1 \\ \nu < \mu}}^{n} x_\nu x_\mu$$

$$\alpha_{n-3} = -[x_1 x_2 x_3 + x_1 x_2 x_4 + \ldots + x_1 x_2 x_n + x_1 x_3 x_4 + x_1 x_3 x_5 + \ldots + x_1 x_3 x_n + \ldots$$

$$+ x_{n-2} x_{n-1} x_n] = - \sum_{\substack{\nu, \mu, \lambda = 1 \\ \nu < \mu < \lambda}}^{n} x_\nu x_\mu x_\lambda$$

$$\ldots$$

$$\alpha_0 = (-1)^n x_1 x_2 \ldots x_n$$

Näherungslösungen

Regula falsi (Sekantenverfahren):
Sind x_1, x_2 Näherungslösungen mit $f(x_1) < 0$ und $f(x_2) > 0$, so erhält man durch Interpolation die bessere Näherungslösung x_s:

$$x_s = x_1 - \frac{x_2 - x_1}{f(x_2) - f(x_1)} \cdot f(x_1)$$

Newtonsche Formel (Tangentenverfahren):
Ist x_1 eine Näherungslösung mit $f'(x_1) \neq 0$, so erhält man die bessere Näherungslösung x_t:

$$x_t = x_1 - \frac{f(x_1)}{f'(x_1)}$$

Quadratische Gleichung

Normalform: $x^2 + px + q = 0$ Grundform: $ax^2 + bx + c = 0$, $a \neq 0$

Lösungen: $\quad x_{1/2} = -\dfrac{p}{2} \pm \sqrt{\left(\dfrac{p}{2}\right)^2 - q}\,;$ $x_{1/2} = \dfrac{1}{2a}\left(-b \pm \sqrt{b^2 - 4ac}\,\right)$

Zerlegung in Linearfaktoren: $\quad x^2 + px + q = 0 = (x - x_1)(x - x_2)$

Satz von Viëta: $\quad p = -(x_1 + x_2); \quad q = x_1 x_2$

Kubische Gleichung

Normalform: $\qquad x^3 + px^2 + qx + r = 0$

Zerlegung in Linearfaktoren: $\qquad x^3 + px^2 + qx + r = 0 = (x - x_1)(x - x_2)(x - x_3)$

Satz von Viëta: $\quad p = -(x_1 + x_2 + x_3); \quad q = x_1 x_2 + x_1 x_3 + x_2 x_3; \quad r = -x_1 x_2 x_3$

11. Arithmetische und geometrische Folgen und Reihen

Grundsätzliches über Folgen und Reihen siehe 14.1., weitere Reihen 14.4.

Eine Folge $<a_n>$ heißt **arithmetisch** $\leftrightarrow \bigvee\limits_{d \in \mathbb{R}} \bigwedge\limits_{n \in \mathbb{N}} a_{n+1} = a_n + d$

Für die arithmetische Folge $<a_n>$ *gilt:*

$$a_n = a_1 + (n-1)\,d; \quad d = a_{n+1} - a_n; \quad a_k = \frac{a_{k-1} + a_{k+1}}{2}$$

$$s_n = a_1 + a_2 + \dots + a_n = \frac{n}{2}(a_1 + a_n) = \frac{n}{2}\left[2a_1 + (n-1)\,d\right]$$

Spezielle Reihen:

$$1 + 2 + 3 + \dots + n = \frac{n}{2}(n+1); \quad 1 + 3 + \dots + (2n-1) = n^2$$

Eine Folge $<a_n>$ heißt **geometrisch** $\leftrightarrow \bigvee\limits_{q \in \mathbb{R}^*} \bigwedge\limits_{n \in \mathbb{N}} a_{n+1} = q \cdot a_n$

Für die geometrische Folge $<a_n>$ *gilt:*

$$a_n = a_1 q^{n-1}; \quad q = \frac{a_{n+1}}{a_n}; \quad a_k = \sqrt{a_{k-1} \cdot a_{k+1}}$$

$$s_n = a_1 + a_2 + \dots + a_n = a_1 \cdot \frac{q^n - 1}{q - 1} \quad (q \neq 1)$$

Für $|q| < 1$ *gilt:* $\lim a_n = 0$ *und* $s = a_1 + a_2 + \dots = \sum\limits_{n=1}^{\infty} a_n = \lim s_n = \frac{a_1}{1-q}$

12. Geometrie

12.1. Planimetrie

12.1.1. Das Dreieck

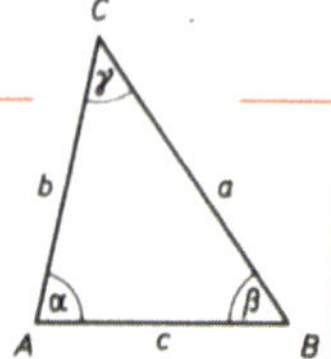

Eckpunkte: A, B, C $\quad$ Seiten: $\overline{BC}, \overline{CA}, \overline{AB}$

Seitenlängen (kurz auch Seiten genannt):

$a = |\overline{BC}|, \quad b = |\overline{CA}|, \quad c = |\overline{AB}|$

Winkel: $\sphericalangle BAC, \quad \sphericalangle CBA, \quad \sphericalangle ACB$

Winkelgrößen (kurz auch Winkel genannt):

$$\alpha = |\angle\, BAC|, \quad \beta = |\angle\, CBA|, \quad \gamma = |\angle\, ACB|$$

Es gilt:

Seitenlängenbeziehungen: $b + c > a, \; c + a > b, \; a + b > c$

Winkelbeziehung: $\alpha + \beta + \gamma = 180°$

Ecktransversalen und Mittelsenkrechten:

Ecktransversalen sind die drei Höhen, die drei Winkelhalbierenden und die drei Seitenhalbierenden.

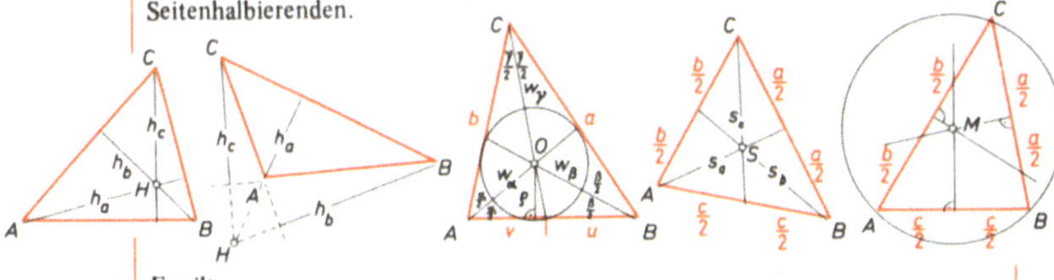

Es gilt:

Die drei Höhen (bzw. die drei Winkelhalbierenden bzw. die drei Seitenhalbieren-den bzw. die drei Mittelsenkrechten) schneiden sich in genau einem Punkt H (bzw. O bzw. S bzw. M).

In jedem Dreieck liegen S, H, M auf einer Geraden, der Eulerschen Geraden.

$$|\overline{HS}| : |\overline{SM}| = 2 : 1; \quad h_a : h_b : h_c = \frac{1}{a} : \frac{1}{b} : \frac{1}{c}; \quad u : v = a : b, \ldots$$

$$\rho = \sqrt{\frac{(s-a)(s-b)(s-c)}{s}} \quad \text{mit} \quad s = \frac{a+b+c}{2}$$

S ist Schwerpunkt $\quad |\overline{SA}| = \dfrac{2}{3}\, s_a, \ldots$

Dreiecksfläche: $\quad A = \dfrac{1}{2}\, a\, h_a = \ldots = \sqrt{s(s-a)(s-b)(s-c)} \quad$ (Heronische Formel)

$$= \rho \cdot s \quad \text{mit} \quad s = \frac{a+b+c}{2}$$

Ein Dreieck heißt genau dann **rechtwinklig**, wenn ein Winkel gleich $90°$ ist.

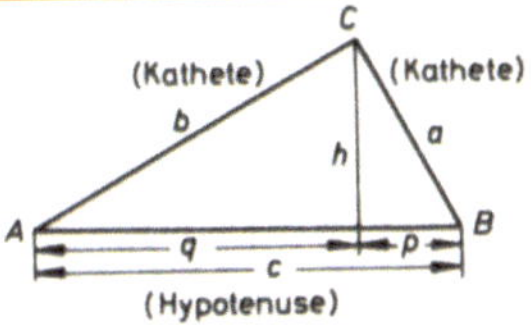

Im Falle $\gamma = 90°$ gilt:

Kathetensatz (Erster Satz des Euklid):

$$a^2 = c \cdot p \qquad b^2 = c \cdot q$$

Höhensatz (Zweiter Satz des Euklid): $\quad h^2 = p \cdot q$

Satz des Pythagoras: $\quad a^2 + b^2 = c^2$

Ein Dreieck heißt genau dann **gleichschenklig**, wenn zwei Seitenlängen gleich sind.
Genau dann sind auch die Basiswinkel gleich groß.

Ein Dreieck heißt genau dann **gleichseitig**, wenn alle drei Seitenlängen gleich sind.
Genau dann sind auch alle Winkel gleich groß ($= 60°$).

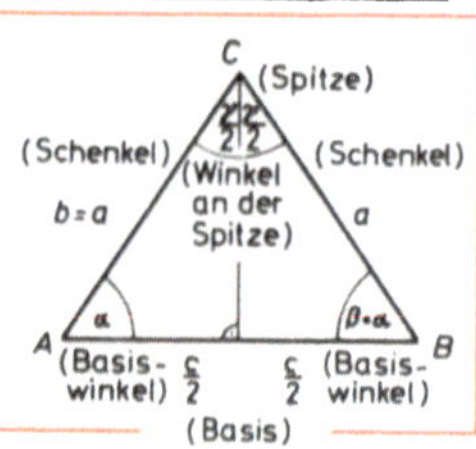

12.1.2. Das Viereck

(Mit *a*, *b*, *c*, *d*, *e*, *f* werden der Kürze halber hier auch die Seiten und Diagonalen selbst, nicht nur ihre Längen bezeichnet.)

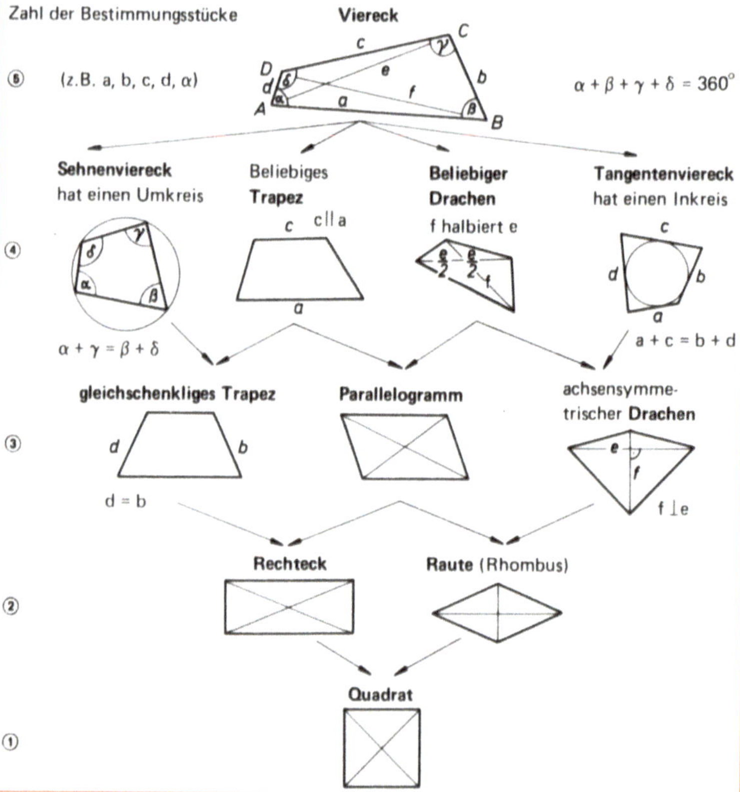

Zahl der Bestimmungsstücke   **Viereck**

⑤   (z.B. a, b, c, d, α) $\alpha + \beta + \gamma + \delta = 360°$

④

Sehnenviereck
hat einen Umkreis

$\alpha + \gamma = \beta + \delta$

Beliebiges
Trapez

c ‖ a

Beliebiger
Drachen

f halbiert e

Tangentenviereck
hat einen Inkreis

$a + c = b + d$

③

gleichschenkliges Trapez

d = b

Parallelogramm

achsensymme-trischer **Drachen**

f ⊥ e

②

Rechteck

Raute (Rhombus)

①

Quadrat

29

12.1.3. Das n-Eck

Summe der Innenwinkel: $(n-2) \cdot 180°$

Anzahl der Diagonalen: $\frac{1}{2} n \cdot (n-3)$

Fläche des (beliebigen) Tangenten-n-Ecks: $\rho_n \cdot s$ (s gleich halber Umfang, ρ_n Inkreisradius)

Bezeichnungen zum regelmäßigen n-Eck:

a_n Seitenlänge

a_{2n} Seitenlänge des $2n$-Ecks

ρ_n Inkreisradius

r Umkreisradius

A_n Flächeninhalt

Fläche des regelmäßigen n-Ecks:

$$A_n = \frac{n}{2} a_n \, \rho_n = \frac{n}{2} a_n \, r \sqrt{1 - \frac{a_n^2}{4r^2}} = \frac{n}{2} r^2 \sin \frac{360°}{n}$$

Seitenlänge des regelmäßigen $2n$-Ecks: $a_{2n} = r \sqrt{2 - \sqrt{4 - \left(\frac{a_n}{r}\right)^2}}$

Längen- und Flächenverhältnisse einiger regelmäßiger n-Ecke:

	$\dfrac{r}{a_n}$	$\dfrac{\rho_n}{a_n}$	$\dfrac{A_n}{a_n^2}$
Dreieck	$\frac{1}{3}\sqrt{3}$	$\frac{1}{6}\sqrt{3}$	$\frac{1}{4}\sqrt{3}$
Viereck	$\frac{1}{2}\sqrt{2}$	$\frac{1}{2}$	1
Fünfeck	$\frac{1}{10}\sqrt{50 + 10\sqrt{5}}$	$\frac{1}{10}\sqrt{25 + 10\sqrt{5}}$	$\frac{1}{4}\sqrt{25 + 10\sqrt{5}}$
Sechseck	1	$\frac{1}{2}\sqrt{3}$	$\frac{3}{2}\sqrt{3}$
Achteck	$\frac{1}{2}\sqrt{4 + 2\sqrt{2}}$	$\frac{1}{2}(\sqrt{2}+1)$	$2(\sqrt{2}+1)$
Zehneck	$\frac{1}{2}(\sqrt{5}+1)$	$\frac{1}{2}\sqrt{5 + 2\sqrt{5}}$	$\frac{5}{2}\sqrt{5 + 2\sqrt{5}}$

12.1.4. Streckenteilung

Harmonische Teilung:

$$|\overline{AP}| : |\overline{PB}| = |\overline{AQ}| : |\overline{QB}|$$
$$= a : b$$

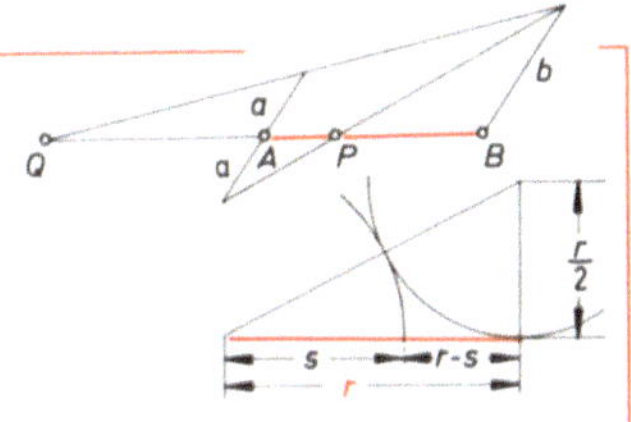

Stetige Teilung (Goldener Schnitt):

$$r : s = s : (r-s); \quad s = \frac{r}{2}(\sqrt{5}-1)$$

12.1.5. Der Kreis

Kreisumfang	$u = 2\pi r = \pi d$
Kreisfläche	$A = \pi r^2 = \frac{\pi}{4} d^2$
Kreisbogen	$b = r\, \dfrac{\alpha\pi}{180°} = r \arccos\alpha$
Sektorfläche (Kreisausschnitt):	$A_s = \frac{1}{2} br$
	$= \frac{1}{2} r^2 \arccos\alpha$
Segmentfläche (Kreisabschnitt):	$A = \frac{1}{2}(br - s(r-h))$
	$= \frac{1}{2} r^2(\arccos\alpha - \sin\alpha)$

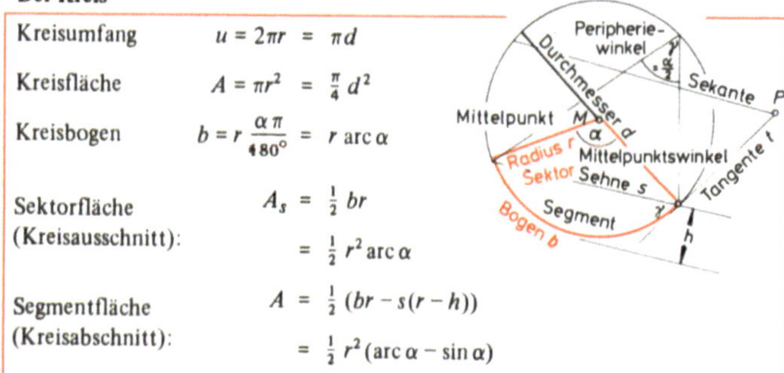

12.2. Stereometrie

Körper	Volumen V	Oberfläche A Mantelfläche M Raumdiagonale e Seitenlinie s	
Würfel	a^3	$A = 6a^2$ $e = a\sqrt{3}$	
Quader	abc	$A = 2(ab + ac + bc)$ $e = \sqrt{a^2 + b^2 + c^2}$	
Prisma	$G \cdot h$	$A = 2G + M$	
Pyramide	$\frac{1}{3} G \cdot h$		
Pyramidenstumpf	$\frac{h}{3}(G_1 + \sqrt{G_1 G_2} + G_2)$		
Zylinder (gerader Kreis-)	$\pi r^2 h$	$M = 2\pi rh$ $A = 2\pi r(h + r)$	
Kegel (gerader Kreis-)	$\frac{h}{3}\pi r^2$	$M = \pi rs$ $A = \pi r(r + s)$ $s^2 = h^2 + r^2$	
Kegelstumpf	$\frac{h}{3}\pi(r_1^2 + r_1 r_2 + r_2^2)$	$M = \pi s(r_1 + r_2)$ $A = \pi r_1(r_1 + s)$ $\quad + \pi r_2(r_2 + s)$ $s^2 = h^2 + (r_1 - r_2)^2$	
Kugel	$\frac{4}{3}\pi r^3$	$A = 4\pi r^2$	
Kugelschicht	$\frac{1}{6}\pi h(3\rho_1^2 + 3\rho_2^2 + h^2)$	$M = 2\pi rh$ (Zone)	

Körper	Volumen V	Oberfläche A Mantelfläche M Raumdiagonale e Seitenlinie s	
Kugelabschnitt	$\frac{1}{6}\pi h(3\rho^2+h^2)$ $=\pi\frac{h^2}{3}(3r-h)$	$M=2\pi rh$ (Kappe)	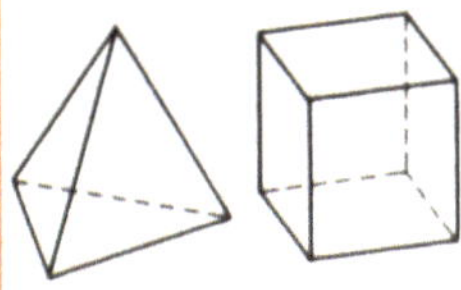
Kugelausschnitt	$\frac{2}{3}\pi r^2 h$	$A=\pi r(2h+\rho)$	
Ellipsoid	$\frac{4}{3}\pi\,abc$		
Torus	$2\pi^2 r\,\rho^2$	$A=4\pi^2 r\rho$	

Regelmäßige Körper (Platonische Polyeder)

Tetraeder	Hexaeder (Würfel)	Oktaeder	Dodekaeder	Ikosaeder
(4 Dreiecke)	(6 Quadrate)	(8 Dreiecke)	(12 Fünfecke)	(20 Dreiecke)

12.3. Winkelfunktionen

Mit den Bezeichnungen der nebenstehenden Figur wird definiert:

$$\sin\alpha=\frac{y}{r}\ (r>0)\qquad \cos\alpha=\frac{x}{r}\ (r>0)$$
$$\tan\alpha=\frac{y}{x}\ (x\neq 0)\qquad \cot\alpha=\frac{x}{y}\ (y\neq 0)$$

Wertetabelle:

α	$0°$	$30°$	$45°$	$60°$	$90°$	$135°$	$180°$	I	II	III	IV
								Vorzeichen: Quadrant			
$\sin\alpha$	0	$\frac{1}{2}$	$\frac{1}{2}\sqrt{2}$	$\frac{1}{2}\sqrt{3}$	1	$\frac{1}{2}\sqrt{2}$	0	$+$	$+$	$-$	$-$
$\cos\alpha$	1	$\frac{1}{2}\sqrt{3}$	$\frac{1}{2}\sqrt{2}$	$\frac{1}{2}$	0	$-\frac{1}{2}\sqrt{2}$	-1	$+$	$-$	$-$	$+$
$\tan\alpha$	0	$\frac{1}{3}\sqrt{3}$	1	$\sqrt{3}$	∞	-1	0	$+$	$-$	$+$	$-$
$\cot\alpha$	∞	$\sqrt{3}$	1	$\frac{1}{3}\sqrt{3}$	0	-1	∞	$+$	$-$	$+$	$-$

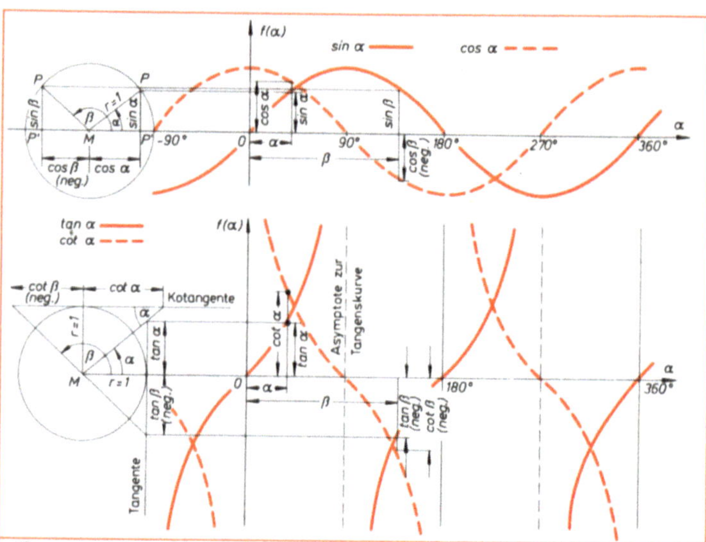

Zusammenhänge zwischen den Winkelfunktionen

$$(\sin\alpha)^2 + (\cos\alpha)^2 = 1; \quad \cot\alpha = \frac{1}{\tan\alpha}; \quad \tan\alpha = \frac{\sin\alpha}{\cos\alpha}$$

	Zwischen 0° und 90° ausgedrückt durch:			
	sin	cos	tan	cot
$\sin\alpha$	$-\sin(-\alpha)$	$\sqrt{1-(\cos\alpha)^2}$	$\dfrac{\tan\alpha}{\sqrt{1+(\tan\alpha)^2}}$	$\dfrac{1}{\sqrt{1+(\cot\alpha)^2}}$
$\cos\alpha$	$\sqrt{1-(\sin\alpha)^2}$	$\cos(-\alpha)$	$\dfrac{1}{\sqrt{1+(\tan\alpha)^2}}$	$\dfrac{\cot\alpha}{\sqrt{1+(\cot\alpha)^2}}$
$\tan\alpha$	$\dfrac{\sin\alpha}{\sqrt{1-(\sin\alpha)^2}}$	$\dfrac{\sqrt{1-(\cos\alpha)^2}}{\cos\alpha}$	$-\tan(-\alpha)$	$\dfrac{1}{\cot\alpha}$
$\cot\alpha$	$\dfrac{\sqrt{1-(\sin\alpha)^2}}{\sin\alpha}$	$\dfrac{\cos\alpha}{\sqrt{1-(\cos\alpha)^2}}$	$\dfrac{1}{\tan\alpha}$	$-\cot(-\alpha)$

Additionstheoreme

$$\sin(\alpha\pm\beta) = \sin\alpha\,\cos\beta \pm \cos\alpha\,\sin\beta; \qquad \tan(\alpha\pm\beta) = \frac{\tan\alpha \pm \tan\beta}{1 \mp \tan\alpha\,\tan\beta};$$

$$\cos(\alpha\pm\beta) = \cos\alpha\,\cos\beta \mp \sin\alpha\,\sin\beta; \qquad \cot(\alpha\pm\beta) = \frac{\cot\alpha\,\cot\beta \mp 1}{\cot\beta \pm \cot\alpha}$$

Sonderfälle für 90°, 180°:

$$\sin(90° \pm \beta) = \cos\beta \qquad\qquad \sin(180° \pm \beta) = \mp \sin\beta$$
$$\cos(90° \pm \beta) = \mp \sin\beta \qquad\qquad \cos(180° \pm \beta) = -\cos\beta$$
$$\tan(90° \pm \beta) = \mp \cot\beta \qquad\qquad \tan(180° \pm \beta) = \pm \tan\beta$$
$$\cot(90° \pm \beta) = \mp \tan\beta \qquad\qquad \cot(180° \pm \beta) = \pm \cot\beta$$

Sonderfälle für 2α

$$\sin(2\alpha) = 2\sin\alpha\,\cos\alpha$$
$$\cos(2\alpha) = (\cos\alpha)^2 - (\sin\alpha)^2 = 1 - 2(\sin\alpha)^2 = 2(\cos\alpha)^2 - 1$$
$$\tan(2\alpha) = \frac{2\tan\alpha}{1 - (\tan\alpha)^2} \qquad\qquad \cot(2\alpha) = \frac{(\cot\alpha)^2 - 1}{2\cot\alpha}$$

Summen und Differenzen:

$$\sin\alpha + \sin\beta = 2\sin\frac{\alpha+\beta}{2}\cos\frac{\alpha-\beta}{2} \qquad\qquad \sin\alpha - \sin\beta = 2\cos\frac{\alpha+\beta}{2}\sin\frac{\alpha-\beta}{2}$$

$$\cos\alpha + \cos\beta = 2\cos\frac{\alpha+\beta}{2}\cos\frac{\alpha-\beta}{2} \qquad\qquad \cos\alpha - \cos\beta = -2\sin\frac{\alpha+\beta}{2}\sin\frac{\alpha-\beta}{2}$$

$$\tan\alpha \pm \tan\beta = \frac{\sin(\alpha \pm \beta)}{\cos\alpha\,\cos\beta} \qquad\qquad \cot\alpha \pm \cot\beta = \pm\frac{\sin(\alpha \pm \beta)}{\sin\alpha\,\sin\beta}$$

Beziehung zwischen Winkel und Bogen:

Die Abbildung arc: $\begin{array}{c} W \to \mathbb{R} \\ \alpha \mapsto \frac{\alpha \cdot 2\pi}{360°} \end{array}$ (W: Menge aller Winkelgrößen) liefert zu jedem

Winkel α die Länge des zugehörigen Bogens des Einheitskreises.

Wertetabelle:

α	1°	30°	45°	60°	90°	180°	270°	360°
arc α	0,017...	0,524...	0,785...	1,05...	1,57...	3,14...	4,71...	6,28...
	$= \frac{\pi}{180}$	$= \frac{\pi}{6}$	$= \frac{\pi}{4}$	$= \frac{\pi}{3}$	$= \frac{\pi}{2}$	$= \pi$	$= \frac{3}{2}\pi$	$= 2\pi$

12.4. Ebene Trigonometrie

12.4.1. Rechtwinkliges Dreieck ($\gamma = 90°$)

Katheten: a, b;   Hypotenuse: c

Winkelfunktionen:

$$\sin\alpha = \frac{a}{c}; \qquad \cos\alpha = \frac{b}{c}; \qquad \tan\alpha = \frac{a}{b}; \qquad \cot\alpha = \frac{b}{a}$$

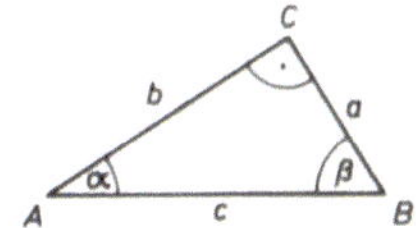

12.4.2. Beliebiges Dreieck

Sinussatz: $\dfrac{a}{\sin\alpha} = \dfrac{b}{\sin\beta} = \dfrac{c}{\sin\gamma}$ Kosinussatz[1]): $a^2 = b^2 + c^2 - 2bc\,\cos\alpha$

Radius des Umkreises[1]): $r = \dfrac{a}{2\sin\alpha}$ Radius des Inkreises[1]): $\rho = \dfrac{a\,\sin\frac{\beta}{2}\,\sin\frac{\gamma}{2}}{\cos\frac{\alpha}{2}}$

Fläche des Dreiecks[1]): $F = \frac{1}{2}\,ab\,\sin\gamma$

13.   Analytische Geometrie

13.1.   Strecke, Gerade, Ebene

13.1.1.   Strecke, Dreieck

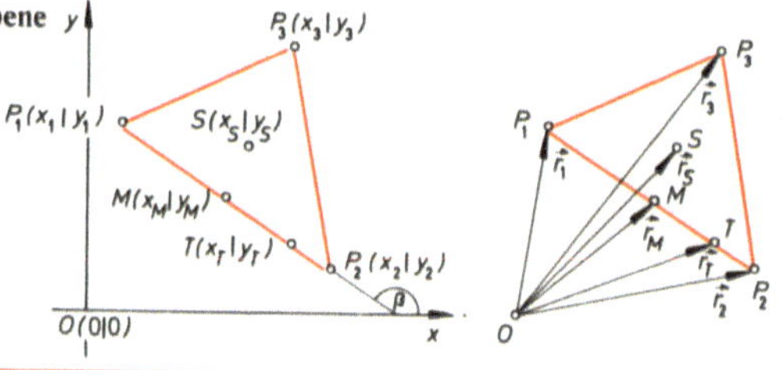

Strecke (Länge): $\left|\overline{OP_1}\right| = \sqrt{x_1^2 + y_1^2}$ $|\vec{r}_1|$ (siehe 8.1.)

$\left|\overline{P_1P_2}\right| = \sqrt{(x_2 - x_1)^2 + (y_2 - y_1)^2}$ $|\vec{r}_2 - \vec{r}_1|$ (siehe 8.1.)

Steigung: $m = \tan\beta$

Teilpunkt T von $\overline{P_1P_2}$: $\left(\dfrac{x_1 + \lambda x_2}{1 + \lambda}\;\middle|\;\dfrac{y_1 + \lambda y_2}{1 + \lambda}\right)$ $\vec{r}_T = \dfrac{\vec{r}_1 + \lambda\vec{r}_2}{1 + \lambda}$

Mittelpunkt M von $\overline{P_1P_2}$: $\left(\dfrac{x_1 + x_2}{2}\;\middle|\;\dfrac{y_1 + y_2}{2}\right)$ $\vec{r}_M = \dfrac{\vec{r}_1 + \vec{r}_2}{2}$

Dreieck $P_1P_2P_3$:

Fläche: $A = \dfrac{1}{2}\begin{vmatrix} 1 & x_1 & y_1 \\ 1 & x_2 & y_2 \\ 1 & x_3 & y_3 \end{vmatrix}$ (siehe 9.1.2.) $A = \dfrac{1}{2}\left|(\vec{r}_2 - \vec{r}_1)\times(\vec{r}_3 - \vec{r}_1)\right|$

Schwerpunkt S: $\left(\dfrac{x_1 + x_2 + x_3}{3}\;\middle|\;\dfrac{y_1 + y_2 + y_3}{3}\right)$ $\vec{r}_S = \dfrac{\vec{r}_1 + \vec{r}_2 + \vec{r}_3}{3}$

Tetraeder $OP_1P_2P_3$:

Volumen: $V = \dfrac{1}{6}\,\vec{r}_1\vec{r}_2\vec{r}_3$

$= \dfrac{1}{6}\,\vec{r}_1 \cdot (\vec{r}_2 \times \vec{r}_3)$

(siehe 8.2.)

[1]) Zu diesen Formeln gehören noch je zwei weitere, die durch zyklische Vertauschung der Seiten und Winkel entstehen.

13.1.2. Gerade in der Ebene

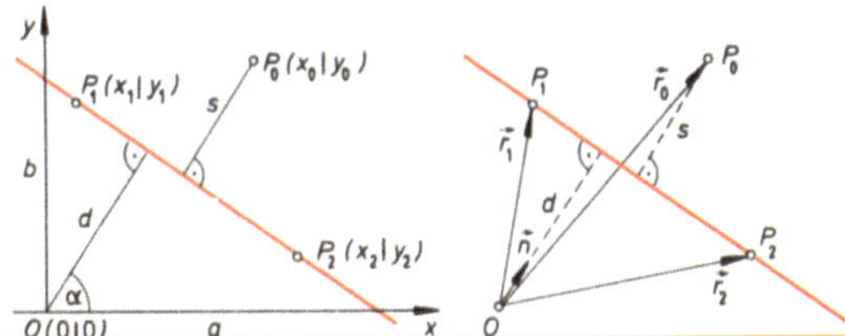

Allgemeine Form:	$Ax + By + C = 0$ $A^2 + B^2 \neq 0$	$\vec{a} = \begin{pmatrix} A \\ B \end{pmatrix}$ $k = -C$	$\vec{a} \cdot \vec{r} = k, \quad k \in \mathbb{R}$ $\vec{a} \neq \vec{0}$
Hauptform:	$y = mx + b$		
Gerade durch P_1: (Punktrichtungsform)	$y - y_1 = m(x - x_1)$	$\vec{u} = \begin{pmatrix} 1 \\ m \end{pmatrix}$	$\vec{r} = \vec{r}_1 + \lambda \vec{u}, \ \vec{u} \neq \vec{0}$ [1]
Gerade durch P_1, P_2: (Zweipunktform)	$\dfrac{y - y_1}{x - x_1} = \dfrac{y_2 - y_1}{x_2 - x_1}$	$\vec{r}_i = \begin{pmatrix} x_i \\ y_i \end{pmatrix}$	$\vec{r} = \vec{r}_1 + \lambda (\vec{r}_2 - \vec{r}_1)$ [1]
Abschnittsform:	$\dfrac{x}{a} + \dfrac{y}{b} = 1$		$\begin{pmatrix} \frac{1}{a} \\ \frac{1}{b} \end{pmatrix} \cdot \vec{r} = 1$
Hessesche Normalenform:			
	$x \cos\alpha + y \sin\alpha - d = 0, \ d \geqslant 0$	$\vec{n} = \begin{pmatrix} \cos\alpha \\ \sin\alpha \end{pmatrix}$	$\vec{r} \cdot \vec{n} - d = 0,$ $|\vec{n}| = 1, \ d \geqslant 0, \ \vec{n} \perp \vec{u}$
Abstand s des Punktes P_0 von der Geraden:			
	$s = x_0 \cos\alpha + y_0 \sin\alpha - d$	$\vec{r}_0 = \begin{pmatrix} x_0 \\ y_0 \end{pmatrix}$	$s = \vec{r}_0 \cdot \vec{n} - d$

Bei zwei Geraden $g_{1/2}$

$$y = m_{1/2}\, x + b_{1/2}$$
$$\text{bzw. } x \cos\alpha_{1/2} + y \sin\alpha_{1/2} - d_{1/2} = 0$$

$\qquad \vec{r} = \vec{r}_{1/2} + \lambda \vec{u}_{1/2}$

$\qquad \vec{r} \cdot \vec{n}_{1/2} - d_{1/2} = 0$

gilt für die Winkelhalbierenden:

$$x(\cos\alpha_1 \pm \cos\alpha_2) + y(\sin\alpha_1 \pm \sin\alpha_2) - (d_1 \pm d_2) = 0 \qquad \vec{r} \cdot (\vec{n}_1 \pm \vec{n}_2) - (d_1 \pm d_2) = 0$$

gilt für die Schnittwinkel:

$$\tan\varphi_{1/2} = \frac{m_2 - m_1}{1 + m_1 m_2} \qquad\qquad \cos\varphi_{1/2} = \frac{\vec{n}_1 \cdot \vec{n}_2}{|\vec{n}_1| \cdot |\vec{n}_2|} = \frac{\vec{u}_1 \cdot \vec{u}_2}{|\vec{u}_1| \cdot |\vec{u}_2|} \quad [1]$$

[1] Vektorielle Gleichung (Bedingung) gilt auch im Raum.

gilt für alle Geraden des Büschels, dem g_1 und g_2 angehören, $(\mu^2 + \nu^2 \neq 0)$:

$$x\,(\mu \cos\alpha_1 + \nu \cos\alpha_2) + y\,(\mu \sin\alpha_1 + \nu \sin\alpha_2) - \qquad \vec{r} \cdot (\mu \vec{n}_1 + \nu \vec{n}_2) - (\mu d_1 + \nu d_2) = 0$$
$$-(\mu d_1 + \nu d_2) = 0$$

gilt ferner:

$$g_1 \parallel g_2 \iff \begin{cases} m_1 = m_2 \\ \text{oder} \\ \alpha_1 = \alpha_2 \end{cases} \qquad\qquad g_1 \parallel g_2 \iff \begin{cases} \bigvee\limits_{\lambda \in \mathbb{R}} \vec{n}_1 = \lambda \vec{n}_2 \\ \qquad\text{oder} \\ \bigvee\limits_{\lambda \in \mathbb{R}} \vec{u}_1 = \lambda \vec{u}_2 \end{cases} \quad {}^1)$$

$$g_1 \perp g_2 \iff m_1 = -\frac{1}{m_2} \qquad\qquad g_1 \perp g_2 \iff \begin{cases} \vec{n}_1 \cdot \vec{n}_2 = 0 \\ \quad\text{oder} \\ \vec{u}_1 \cdot \vec{u}_2 = 0 \end{cases} \quad {}^1)$$

13.1.3. Ebene

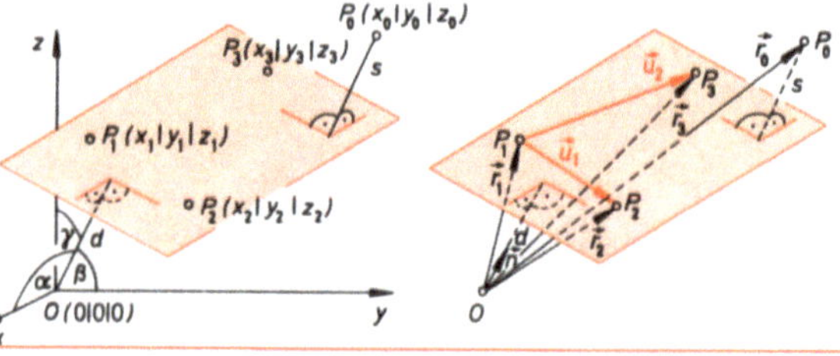

Allgemeine Form:

$$Ax + By + Cz + D = 0 \qquad \vec{a} = \begin{pmatrix} A \\ B \\ C \end{pmatrix} \qquad \vec{a} \cdot \vec{r} = k \qquad k \in \mathbb{R}$$

$$A^2 + B^2 + C^2 \neq 0 \qquad k = -D \qquad \vec{a} \neq \vec{0}$$

Ebene durch P_1 (Parameterform):

$$A(x - x_1) + B(y - y_1) + C(z - z_1) + D = 0 \qquad \vec{r} = \vec{r}_1 + \lambda \vec{u}_1 + \mu \vec{u}_2$$

$$A^2 + B^2 + C^2 \neq 0 \qquad\qquad \vec{u}_1, \vec{u}_2 \neq \vec{0};$$

$$\vec{u}_1, \vec{u}_2 \text{ nicht kollinear (siehe 8.1.)}$$

Ebene durch drei Punkte P_1, P_2, P_3:

$$\begin{vmatrix} x & y & z & 1 \\ x_1 & y_1 & z_1 & 1 \\ x_2 & y_2 & z_2 & 1 \\ x_3 & y_3 & z_3 & 1 \end{vmatrix} = 0 \qquad r_i = \begin{pmatrix} x_i \\ y_i \\ z_i \end{pmatrix} \qquad \vec{r} = \vec{r}_1 + \lambda(\vec{r}_2 - \vec{r}_1) + \mu(\vec{r}_3 - \vec{r}_1)$$

Abschnittsform:

$$\frac{x}{a} + \frac{y}{b} + \frac{z}{c} = 1 \qquad\qquad \begin{pmatrix} \frac{1}{a} \\ \frac{1}{b} \\ \frac{1}{c} \end{pmatrix} \cdot \vec{r} = 1$$

${}^1)$ Vektorielle Gleichung (Bedingung) gilt auch im Raum.

Hessesche Normalenform:

$$x\cos\alpha + y\cos\beta + z\cos\gamma - d = 0, \quad d \geqslant 0 \qquad \vec{n} = \begin{pmatrix} \cos\alpha \\ \cos\beta \\ \cos\gamma \end{pmatrix} \qquad \begin{array}{l} |\vec{n}| = 1 \\[4pt] \vec{r}\cdot\vec{n} - d = 0, \quad d \geqslant 0 \\[6pt] \vec{n} = \dfrac{\vec{u}_1 \times \vec{u}_2}{|\vec{u}_1|\cdot|\vec{u}_2|} \end{array}$$

Abstand s des Punktes P_0 von der Ebene:

$$s = x_0\cos\alpha + y_0\cos\beta + z_0\cos\gamma - d \qquad \vec{r}_0 = \begin{pmatrix} x_0 \\ y_0 \\ z_0 \end{pmatrix} \qquad s = \vec{r}_0 \cdot \vec{n} - d$$

Bei zwei Ebenen $E_{1/2}$

$$x\cos\alpha_{1/2} + y\cos\beta_{1/2} + z\cos\gamma_{1/2} - d_{1/2} = 0 \qquad \vec{r}\cdot\vec{n}_{1/2} - d_{1/2} = 0$$

gilt für die Winkelhalbierenden:

$$x(\cos\alpha_1 \pm \cos\alpha_2) + y(\cos\beta_1 \pm \cos\beta_2) + \\ + z(\cos\gamma_1 \pm \cos\gamma_2) - (d_1 \pm d_2) = 0 \qquad \vec{r}\cdot(\vec{n}_1 \pm \vec{n}_2) - (d_1 \pm d_2) = 0$$

gilt für die Ebenen des Büschels, dem E_1 und E_2 angehören, $(v^2 + \rho^2 \neq 0)$:

$$x(v\cos\alpha_1 + \rho\cos\alpha_2) + y(v\cos\beta_1 + \rho\cos\beta_2) + \\ + z(v\cos\gamma_1 + \rho\cos\gamma_2) - (v d_1 + \rho d_2) = 0 \qquad \vec{r}\cdot(v\vec{n}_1 + \rho\vec{n}_2) - (v d_1 + \rho d_2) = 0$$

gilt für die Schnittwinkel:

$$\cos\varphi_{1/2} = \cos\alpha_1\cos\alpha_2 + \cos\beta_1\cos\beta_2 + \\ + \cos\gamma_1\cos\gamma_2 \qquad \cos\varphi_{1/2} = \frac{\vec{n}_1 \cdot \vec{n}_2}{|\vec{n}_1|\cdot|\vec{n}_2|}$$

gilt ferner:

$$E_1 \parallel E_2 \iff \begin{cases} \alpha_1 = \alpha_2 \\ \text{und} \\ \beta_1 = \beta_2 \\ \text{und} \\ \gamma_1 = \gamma_2 \end{cases} \qquad E_1 \parallel E_2 \iff \begin{cases} \vec{n}_1, \vec{n}_2 \text{ kollinear} \\ \qquad\qquad \text{(siehe 8.1.)} \\ \text{oder} \\ \vec{n}_1 \times \vec{n}_2 = 0 \end{cases}$$

$$E_1 \perp E_2 \iff \vec{n}_1 \cdot \vec{n}_2 = 0$$

13.2. Kegelschnitte

13.2.1. Kreis

Bezeichnungen: $K(x_0|y_0;\rho)$, Mittelpunkt: $M(x_0|y_0)$; Radius: ρ; $\vec{r}_0 = \begin{pmatrix} x_0 \\ y_0 \end{pmatrix}$

Kreis um $M(0|0)$ mit ρ: $\quad x^2 + y^2 = \rho^2 \qquad (\vec{r})^2 = \rho^2$

Tangente in $P_1(x_1|y_1)$: $\quad xx_1 + yy_1 = \rho^2 \qquad \vec{r}\cdot\vec{r}_1 = \rho^2$

Polare zu $P_2(x_2|y_2)$: $\quad xx_2 + yy_2 = \rho^2 \qquad \vec{r}\cdot\vec{r}_2 = \rho^2$

Kreis um $M(x_0|y_0)$ **mit** ρ:

$$(x - x_0)^2 + (y - y_0)^2 = \rho^2 \qquad\qquad (\vec{r} - \vec{r}_0)^2 = \rho^2$$

Tangente in P_1:

$$(x - x_0)(x_1 - x_0) + (y - y_0)(y_1 - y_0) = \rho^2 \qquad (\vec{r} - \vec{r}_0)\cdot(\vec{r}_1 - \vec{r}_0) = \rho^2$$

Polare zu P_2:

$$(x - x_0)(x_2 - x_0) + (y - y_0)(y_2 - y_0) = \rho^2 \qquad (\vec{r} - \vec{r}_0)\cdot(\vec{r}_2 - \vec{r}_0) = \rho^2$$

13.2.2. Parabel

Scheitelform

Parameter: $p > 0$; Scheitel: $S(0|0)$; Brennpunkt: $F(\frac{p}{2}|0)$

Gleichung (Parabel nach rechts geöffnet): $y^2 = 2px$

Exzentrizität (numerische): $\epsilon = 1$

Leitlinie: $x = -\frac{p}{2}$

Länge des Brennstrahls: $r = \frac{p}{2} + x_1$

Tangente in P_1: $yy_1 = p(x + x_1)$

Polare zu P_2: $yy_2 = p(x + x_2)$

Krümmungsradius: für P_1: $\rho = \dfrac{\sqrt{(y_1^2 + p^2)^3}}{p^2}$, für S: $\rho = p$

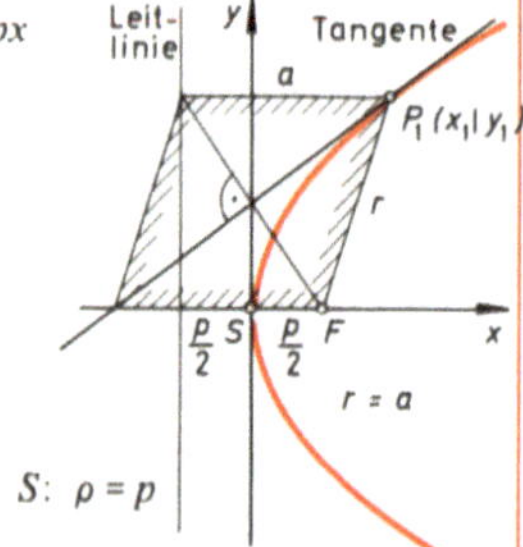

Parabelgleichungen, wenn Öffnung in Richtung

x-Achse	nach rechts	$y^2 = 2px$	y-Achse	nach oben	$x^2 = 2py$
	nach links	$y^2 = -2px$		nach unten	$x^2 = -2py$

Sehnen mit Steigung m heißen konjugiert zum Durchmesser $y = \frac{p}{m}$

Allgemeine Form (Parabelachse parallel zur x-Achse, Parabel nach rechts geöffnet)

Parameter: $p > 0$; Scheitel: $S(x_S|y_S)$; Brennpunkt: $F(x_S + \frac{p}{2} | y_S)$

Gleichung: $(y - y_S)^2 = 2p(x - x_S)$

Leitlinie: $x = x_S - \frac{p}{2}$

Tangente in P_1: $(y - y_S)(y_1 - y_S) = p(x + x_1 - 2x_S)$

Polare zu P_2: $(y - y_S)(y_2 - y_S) = p(x + x_2 - 2x_S)$

13.2.3. Ellipse und Hyperbel

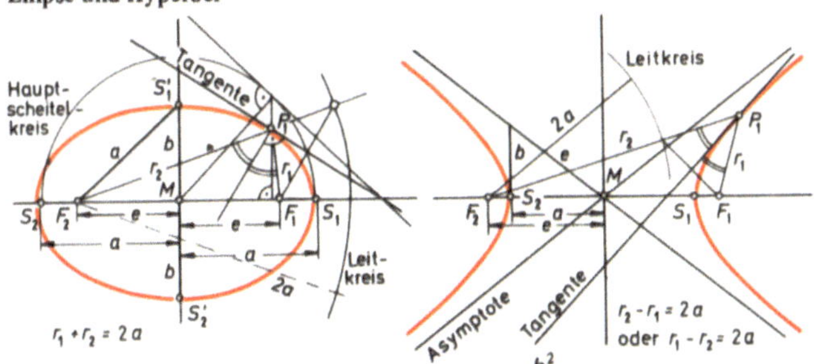

Halbachsen: $a, b > 0$;   Parameter: $p = \dfrac{b^2}{a}$

	Ellipse $(a > b)$	**Hyperbel**
lineare Exzentrizität	$e = \sqrt{a^2 - b^2}$	$e = \sqrt{a^2 + b^2}$
numerische	$\epsilon = \dfrac{e}{a} < 1$	$\epsilon = \dfrac{e}{a} > 1$
Krümmungsradius in $S_{1/2}$:	$\rho = \dfrac{b^2}{a} = p$	$\rho = \dfrac{b^2}{a} = p$
in $S'_{1/2}$:	$\rho = \dfrac{a^2}{b}$	—
Fläche:	$F = ab\pi$	—
Mittelpunktsform		
Mittelpunkt:	$M(0\,\|\,0)$	$M(0\,\|\,0)$
(Haupt-)Scheitelpunkte:	$S_1(a\,\|\,0),\ S_2(-a\,\|\,0)$	$S_1(a\,\|\,0),\ S_2(-a\,\|\,0)$
Nebenscheitelpunkte:	$S'_1(0\,\|\,b),\ S'_2(0\,\|-b)$	—
Brennpunkte:	$F_1(e\,\|\,0),\ F_2(-e\,\|\,0)$	$F_1(e\,\|\,0),\ F_2(-e\,\|\,0)$
Gleichung:	$\dfrac{x^2}{a^2} + \dfrac{y^2}{b^2} = 1$	$\dfrac{x^2}{a^2} - \dfrac{y^2}{b^2} = 1$
Länge der Brennstrahlen:	$r_{1/2} = a \pm \epsilon x_1$	$r_{1/2} = \epsilon x_1 \mp a$
Tangente in P_1:	$\dfrac{xx_1}{a^2} + \dfrac{yy_1}{b^2} = 1$	$\dfrac{xx_1}{a^2} - \dfrac{yy_1}{b^2} = 1$
Polare zu P_2:	$\dfrac{xx_2}{a^2} + \dfrac{yy_2}{b^2} = 1$	$\dfrac{xx_2}{a^2} - \dfrac{yy_2}{b^2} = 1$

	Ellipse $(a > b)$	**Hyperbel**
$y = m_2 x$ heißt konjugiert zu $y = m_1 x$	$\Leftrightarrow m_1 m_2 = -\dfrac{b^2}{a^2}$	$\Leftrightarrow m_1 m_2 = \dfrac{b^2}{a^2}$
Asymptoten:	—	$y = \pm \dfrac{b}{a}\, x$

Scheitelform

	Ellipse $(a > b)$	**Hyperbel**
Mittelpunkt:	$M(a\,\vert\,0)$	$M(-a\,\vert\,0)$
Scheitelpunkte: Brennpunkte:	$S_1(2a\,\vert\,0),\ S_2(0\,\vert\,0)$ $F_1(e+a\,\vert\,0),\ F_2(-e+a\,\vert\,0)$	$S_1(0\,\vert\,0),\ S_2(-2a\,\vert\,0)$ $F_1(e-a\,\vert\,0),\ F_2(-e-a\,\vert\,0)$
Gleichung:	$y^2 = 2px - \dfrac{p}{a}x^2$ $\quad = 2px - (1-\varepsilon^2)x^2$	$y^2 = 2px + \dfrac{p}{a}x^2$ $\quad = 2px + (\varepsilon^2-1)x^2$ [1])

Allgemeine Form (Hauptachse parallel zur x-Achse)

	Ellipse $(a > b)$	**Hyperbel**
Mittelpunkt:	$M(x_0\,\vert\,y_0)$	$M(x_0\,\vert\,y_0)$
Scheitelpunkte: Brennpunkte:	$S_1(a+x_0\,\vert\,y_0),\ S_2(-a+x_0\,\vert\,y_0)$ $F_1(e+x_0\,\vert\,y_0),\ F_2(-e+x_0\,\vert\,y_0)$	$S_1(a+x_0\,\vert\,y_0),\ S_2(-a+x_0\,\vert\,y_0)$ $F_1(e+x_0\,\vert\,y_0),\ F_2(-e+x_0\,\vert\,y_0)$
Gleichung:	$\dfrac{(x-x_0)^2}{a^2} + \dfrac{(y-y_0)^2}{b^2} = 1$	$\dfrac{(x-x_0)^2}{a^2} - \dfrac{(y-y_0)^2}{b^2} = 1$
Tangente in P_1:	$\dfrac{(x-x_0)(x_1-x_0)}{a^2} + \dfrac{(y-y_0)(y_1-y_0)}{b^2} = 1$	$\dfrac{(x-x_0)(x_1-x_0)}{a^2} - \dfrac{(y-y_0)(y_1-y_0)}{b^2} = 1$
Polare zu P_2:	$\dfrac{(x-x_0)(x_2-x_0)}{a^2} + \dfrac{(y-y_0)(y_2-y_0)}{b^2} = 1$	$\dfrac{(x-x_0)(x_2-x_0)}{a^2} - \dfrac{(y-y_0)(y_2-y_0)}{b^2} = 1$
Asymptoten:	—	$y - y_0 = \pm \dfrac{b}{a}(x-x_0)$

[1])

$$y^2 = 2px + (\varepsilon^2 - 1)x^2 \begin{cases} \text{Hyperbel} & \text{für } \varepsilon > 1 \\ \text{Parabel} & \text{für } \varepsilon = 1 \\ \text{Ellipse} & \text{für } \varepsilon < 1 \\ \text{Kreis} & \text{für } \varepsilon = 0 \end{cases}$$

13.3. Abbildungen in der Geometrie

13.3.1. Affinitäten

Eine Abbildung α der Ebene in sich heißt **Affinität** $\longleftrightarrow$ (1) α ist bijektiv (2) α ist geradentreu (3) α ist parallelentreu (4) α ist teilverhältnistreu

Dabei heißt α **geradentreu**, wenn sie jede Gerade auf eine Gerade abbildet;
dabei heißt α **parallelentreu**, wenn sie zwei parallele Geraden stets auf zwei parallele Geraden abbildet;
dabei heißt α **teilverhältnistreu**, wenn für alle Punkte P, Q, X einer beliebigen Geraden stets gilt: λ ist Teilverhältnis von P, Q und $X \implies \lambda$ ist Teilverhältnis von $\alpha(P)$, $\alpha(Q)$ und $\alpha(X)$, d. h. $\overrightarrow{PQ} = \lambda \overrightarrow{PX} \implies \overrightarrow{\alpha(P)\alpha(Q)} = \lambda \overrightarrow{\alpha(P)\alpha(X)}$.

Es gilt: Legt man einen Ursprung O in der Ebene fest, so ist durch jede Affinität α in folgender Weise eine Vektorraumabbildung f_α bestimmt:
$\alpha(P) = Q \iff f_\alpha(\overrightarrow{OP}) = \overrightarrow{OQ}$; genau dann, wenn α P auf Q abbildet, ordnet f_α dem Ortsvektor von P den Ortsvektor von Q zu.

Diese Vektorraumabbildung hat eine Gleichung der Form:

$f_\alpha(\vec{x}) = \left(\begin{smallmatrix} a & b \\ c & d \end{smallmatrix}\right) \vec{x} + \vec{v}$, $\left|\begin{smallmatrix} a & b \\ c & d \end{smallmatrix}\right| \neq 0$. (Matrizen und Determinanten siehe 9.1.)

Ein Punkt P heißt genau dann **Fixpunkt** von α, wenn gilt $\alpha(P) = P$.
Eine Gerade g heißt genau dann **Fixgerade** von α, wenn gilt $\alpha(g) = g$.
Eine Gerade g heißt genau dann **Fixpunktgerade** von α, wenn jeder Punkt von g Fixpunkt ist.

Jede Figur oder Eigenschaft einer Figur, die bei der Abbildung α erhalten bleibt, heißt **Invariante** von α.

Ein Vektor $\vec{r}$ heißt genau dann **Eigenvektor** von f_α, wenn es ein $\lambda \in \mathbb{R}$ gibt, so daß gilt: $f_\alpha(\vec{r}) = \lambda\vec{r}$. λ heißt **Eigenwert** von f_α.

Es gilt: Die Gerade mit $\vec{x} = \mu\vec{u}$ ist genau dann Fixgerade von α, wenn $\vec{u}$ Eigenvektor von f_α ist.

Matrizen spezieller Abbildungen mit Fixpunkt O bzgl. eines angepaßten, nicht notwendig kartesischen Koordinatensystems:

Achsenaffinität mit der x-Achse als Achse in Richtung der y-Achse: $\left(\begin{smallmatrix} 1 & 0 \\ 0 & d \end{smallmatrix}\right)$.

Die x-Achse ist Fixpunktgerade; jede Gerade parallel zur y-Achse ist Fixgerade.

Schrägspiegelung (Affinspiegelung) mit der x-Achse als Achse: $\left(\begin{smallmatrix} 1 & 0 \\ 0 & -1 \end{smallmatrix}\right)$.

Die x-Achse ist Fixpunktgerade; jede Gerade parallel zur y-Achse ist Fixgerade. Schrägspiegelungen sind flächentreu.

Scherung mit der x-Achse als Scherachse: $\left(\begin{smallmatrix} 1 & k \\ 0 & 1 \end{smallmatrix}\right)$.

x-Achse ist Fixpunktgerade; jede zur x-Achse parallele Gerade ist Fixgerade. Scherungen sind flächentreu.

Eulersche Affinität mit der x- und der y-Achse als Achsen: $\left(\begin{smallmatrix} k_1 & 0 \\ 0 & k_2 \end{smallmatrix}\right)$.
Die x- und die y-Achse sind Fixgeraden.

Affine Drehstreckung: $\begin{pmatrix} k\cos\varphi & -k\sin\varphi \\ k\sin\varphi & k\cos\varphi \end{pmatrix}$. Für $\varphi = 0°$ und $\varphi = 180°$ sind alle Geraden durch O Fixgeraden; für $\varphi \neq 0°, 180°$ sind keine Fixgeraden durch O vorhanden.

13.3.2. Ähnlichkeitsabbildungen

Eine Affinität α heißt **Ähnlichkeitsabbildung** $\quad\longleftrightarrow\quad$ Es gibt ein $k \in \mathbb{R}^+$, so daß für alle P, Q gilt: $|\alpha(P)\,\alpha(Q)| = k\,|\overline{PQ}|$

Es gilt: Ähnlichkeitsabbildungen sind winkeltreu.

Die zu einer Ähnlichkeitsabbildung α gehörige Vektorraumabbildung f_α hat stets eine Abbildungsgleichung der Form:

$$f_\alpha(\vec{x}) = \begin{pmatrix} a & -b \\ b & a \end{pmatrix}\vec{x} + \vec{v} \quad \text{oder} \quad f_\alpha(\vec{x}) = \begin{pmatrix} a & b \\ b & -a \end{pmatrix}\vec{x} + \vec{v} \quad \text{mit} \quad a^2 + b^2 \neq 0.$$
$$\text{(gleichsinnig)} \qquad\qquad\qquad \text{(gegensinnig)}$$

Zwei Figuren F_1 und F_2 heißen genau dann **ähnlich**, wenn es eine Ähnlichkeitsabbildung gibt, die F_1 und F_2 abbildet.

Matrizen spezieller Ähnlichkeitsabbildungen mit Fixpunkt O bzgl. eines kartesischen Koordinatensystems:

Zentrische Streckung: $\begin{pmatrix} k & 0 \\ 0 & k \end{pmatrix}$. Alle Geraden durch O sind Fixgeraden.

Drehstreckung: $\begin{pmatrix} k\cos\varphi & -k\sin\varphi \\ k\sin\varphi & k\cos\varphi \end{pmatrix}$. Für $\varphi = 0°$ und $\varphi = 180°$ sind alle Geraden durch O Fixgeraden; für $\varphi \neq 0°, 180°$ sind keine Fixgeraden durch O vorhanden.

Spiegelstreckung: $\begin{pmatrix} k\cos\varphi & k\sin\varphi \\ k\sin\varphi & -k\cos\varphi \end{pmatrix}$. Die Gerade mit $y = (\tan\frac{\varphi}{2})\,x$ und alle dazu senkrechten Geraden sind Fixgeraden.

13.3.3. Kongruenzabbildungen

Eine Affinität α heißt **Kongruenzabbildung** $\quad\longleftrightarrow\quad$ α ist längentreu, d.h. es gilt für alle P, Q: $|\alpha(P)\,\alpha(Q)| = |\overline{PQ}|$

Es gilt: Jede Kongruenzabbildung ist winkeltreu und flächentreu.

Die zu einer Kongruenzabbildung α gehörige Vektorraumabbildung f_α hat stets eine Abbildungsgleichung der Form:

$$f_\alpha(\vec{x}) = \begin{pmatrix} a & -b \\ b & a \end{pmatrix}\vec{x} + \vec{v} \quad \text{oder} \quad f_\alpha(\vec{x}) = \begin{pmatrix} a & b \\ b & -a \end{pmatrix}\vec{x} + \vec{v} \quad \text{mit} \quad a^2 + b^2 = 1$$
$$\text{(gleichsinnig)} \qquad\qquad\qquad \text{(gegensinnig)}$$

Zwei Figuren F_1 und F_2 heißen genau dann **kongruent**, wenn es eine Kongruenzabbildung gibt, die F_1 auf F_2 abbildet.

Matrizen spezieller Abbildungen mit Fixpunkt O bzgl. eines kartesischen Koordinatensystems:

Drehung $\begin{pmatrix} \cos\varphi & -\sin\varphi \\ \sin\varphi & \cos\varphi \end{pmatrix}$. φ heißt Drehwinkel.

Spiegelung $\begin{pmatrix} \cos\varphi & \sin\varphi \\ \sin\varphi & -\cos\varphi \end{pmatrix}$. Die Gerade mit $y = (\tan\frac{\varphi}{2})\,x$ heißt Spiegelachse.

Die Spiegelachse ist Fixpunktgerade; alle dazu senkrechten Geraden sind Fixgeraden.

Abbildungsgleichungen von weiteren Kongruenzabbildungen:

Translation (Verschiebung) $f_\alpha(\vec{x}) = \vec{x} + \vec{v}$

Alle Geraden mit $\vec{x} = \vec{a} + \lambda\,\vec{v}$ sind Fixgeraden.

Gleitspiegelung $f_\alpha(\vec{x}) = \begin{pmatrix} \cos\varphi & \sin\varphi \\ \sin\varphi & -\cos\varphi \end{pmatrix}\vec{x} + \lambda\begin{pmatrix} r \\ r\tan\frac{\varphi}{2} \end{pmatrix}$ $(r \in \mathbb{R}^*)$

Die Gerade mit $y = (\tan\frac{\varphi}{2})\,x$ heißt Spiegelachse. Diese ist Fixgerade.

Es gilt: Ist α eine Ähnlichkeitsabbildung ohne Fixpunkt, so ist α eine echte Translation oder eine Gleitspiegelung.

14. Analysis

14.1. Folgen, Grenzwert, Stetigkeit

Jede Abbildung $\begin{array}{c} \mathbb{N} \to \mathbb{R}\,(\mathbb{C}) \\ n \mapsto a_n \end{array}$ heißt **unendliche reelle (komplexe) Folge**.

a_n heißt **Glied** der Folge[1]).

Schreibweise: $\langle a_n \rangle$.

Eine reelle Folge $\langle a_n \rangle$ heißt genau dann **nach oben (nach unten) beschränkt**, wenn es eine reelle Zahl s gibt, so daß gilt: $\bigwedge\limits_{n\in\mathbb{N}} a_n \leqslant s$ $(\bigwedge\limits_{n\in\mathbb{N}} a_n \geqslant s)$

Eine reelle Folge $\langle a_n \rangle$ heißt genau dann **monoton wachsend (fallend)**, wenn gilt: $\bigwedge\limits_{n\in\mathbb{N}} a_n \leqslant a_{n+1}$ $(\bigwedge\limits_{n\in\mathbb{N}} a_n \geqslant a_{n+1})$

Eine reelle Folge $\langle a_n \rangle$ heißt genau dann **streng monoton wachsend (fallend)**, wenn gilt: $\bigwedge\limits_{n\in\mathbb{N}} a_n < a_{n+1}$ $(\bigwedge\limits_{n\in\mathbb{N}} a_n > a_{n+1})$

Ist $a \in \mathbb{R}$ und $r \in \mathbb{R}^*$, so heißt die Menge $U_r(a) = \{x \mid |a-x| < r\}$ Umgebung von a.

Eine Zahl H heißt genau dann **Häufungspunkt** der Folge $\langle a_n \rangle$, wenn in jeder Umgebung von H unendlich viele Glieder der Folge liegen.

Ist $\langle a_n \rangle$ eine Folge, so heißt $\sum\limits_{\nu=1}^{\infty} a_\nu = a_1 + a_2 + \ldots + a_n + \ldots$ **Reihe**[1]).

Die Summen $s_n = \sum\limits_{\nu=1}^{n} a_\nu$ heißen **Partialsummen**.

---

[1]) Arithmetische und geometrische Folgen und Reihen siehe 11.

Eine Folge $<a_n>$ heißt genau dann **Fundamentalfolge** (Cauchy-Folge), wenn gilt:

$$\bigwedge_{\varepsilon \in \mathbb{R}^+} \ \bigvee_{n \in \mathbb{N}} \ \bigwedge_{k,l \in \mathbb{N}} (k, l > n \to |a_k - a_l| < \varepsilon)$$

$<a_n>$ heißt **konvergent**

$$\updownarrow$$

$$\bigvee_{g \in \mathbb{R}\,(\mathbb{C})} \left[\bigwedge_{\varepsilon \in \mathbb{R}^+} \ \bigvee_{n \in \mathbb{N}} \ \bigwedge_{k \in \mathbb{N}} (k \geqslant n \to |a_k - g| < \varepsilon) \right]$$

g heißt **Grenzwert** von $<a_n>$.

Schreibweise: $\lim\limits_{n \to \infty} <a_n> = g$ oder kurz: $\lim a_n = g$

Eine Reihe $\sum\limits_{\nu=1}^{\infty} a_\nu$ heißt **konvergent**, wenn die Folge $<s_n>$ der Partialsummen

konvergiert. Man setzt dann: $\sum\limits_{\nu=1}^{\infty} a_\nu = \lim s_n$

Es gilt:

Eine Folge hat höchstens einen Grenzwert.

Jeder Grenzwert einer Folge ist auch Häufungspunkt dieser Folge.

Jede konvergente Folge ist nach oben und unten beschränkt.

Jede nach oben und unten beschränkte Folge besitzt mindestens einen Häufungspunkt (Bolzano-Weierstraß).

Jede monoton wachsende, nach oben beschränkte Folge ist konvergent.

Jede Fundamentalfolge ist konvergent, jede konvergente Folge ist Fundamentalfolge.

$$\lim (a_n \pm b_n) = \lim a_n \pm \lim b_n$$

$$\lim \frac{a_n}{b_n} = \frac{\lim a_n}{\lim b_n}; \quad \text{falls stets } b_n \neq 0 \text{ und } \lim b_n \neq 0.$$

Spezielle Grenzwerte: $\lim (1 + \frac{1}{n})^n = e; \quad \lim \sqrt[n]{n} = 1$

Grenzwert von Funktionen an der Stelle x_0

Ist f in einer Umgebung von x_0 außer in x_0 definiert und $g \in \mathbb{R}$, so wird vereinbart:

$$g = \lim_{x \to x_0} f(x) \quad \leftrightarrow \quad$$ Für jede Folge $<a_n>$ mit $a_n \neq x_0$ und $\lim a_n = x_0$ gilt: $\lim f(a_n) = g$ (kurz: $\lim a_n = x_0 \implies \lim f(a_n) = g$)

Spezieller Grenzwert: $\lim\limits_{x \to 0} \dfrac{\sin x}{x} = 1$

> **Eine Funktion f heißt stetig an der Stelle x_0**
>
> $\updownarrow$
>
> (1) f ist definiert in einer Umgebung von x_0
>
> (2) $\lim\limits_{x \to x_0} f(x) = f(x_0)$

Eine Funktion f heißt genau dann stetig in einem Intervall (in $\mathbb{R}$), wenn sie an jeder Stelle des Intervalls (von $\mathbb{R}$) stetig ist.

Es gilt:

1. f ist genau dann stetig in x_0, wenn gilt:

$$\bigwedge_{\varepsilon \in \mathbb{R}^+} \bigvee_{\delta \in \mathbb{R}^+} \bigwedge_{x \in \mathbb{R}} \left(|x - x_0| < \delta \;\to\; |f(x) - f(x_0)| < \varepsilon \right)$$

2. f ist genau dann stetig in x_0, wenn gilt:

$$\bigwedge_{\varepsilon \in \mathbb{R}^+} \bigvee_{\delta \in \mathbb{R}^+} f(U_\delta(x_0)) \subseteq U_\varepsilon(f(x_0))$$

3. Zwischenwertsatz:

   Ist f in dem Intervall $[a, b] = \{x \mid a \leqslant x \leqslant b\}$ stetig und ist $f(a) \neq f(b)$, so gibt es zu jeder Zahl y_0 mit $f(a) < y_0 < f(b)$ oder $f(a) > y_0 > f(b)$ eine Zahl x_0 mit $a < x_0 < b$, so daß $f(x_0) = y_0$ ist.

14.2.   Differentialrechnung

14.2.1.   Funktionen einer Veränderlichen

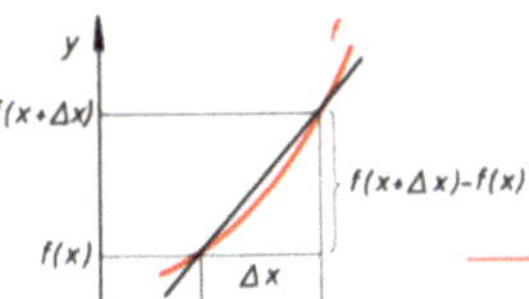

Definitionen

Differenzenquotient:
(Steigung der Sekante)
$$\frac{\Delta y}{\Delta x} = \frac{f(x + \Delta x) - f(x)}{\Delta x}$$

Differentialquotient:
(1. Ableitung)
(Steigung der Tangente)
$$\frac{\mathrm{d}y}{\mathrm{d}x} = \frac{\mathrm{d}f(x)}{\mathrm{d}x} = f'(x) = \lim_{\Delta x \to 0} \frac{f(x + \Delta x) - f(x)}{\Delta x}$$

Ableitungen höherer Ordnung:
$$\frac{\mathrm{d}^2 y}{\mathrm{d}x^2} = \frac{\mathrm{d}f'(x)}{\mathrm{d}x} = f''(x) = f^{(2)}(x)$$

$$\frac{\mathrm{d}^n y}{\mathrm{d}x^n} = \frac{\mathrm{d}f^{(n-1)}(x)}{\mathrm{d}x} = f^{(n)}(x)$$

f ist **differenzierbar** an der Stelle x_0

$\updownarrow$

(1) f ist definiert in einer Umgebung von x_0

(2) $\displaystyle\lim_{\Delta x \to 0} \frac{f(x_0 + \Delta x) - f(x_0)}{\Delta x}$ existiert

f heißt genau dann **stetig differenzierbar** an der Stelle x_0, wenn die erste Ableitung stetig in x_0 ist.

Es gilt: Jede in x_0 differenzierbare Funktion ist stetig in x_0.

Regeln und Sätze:

Verknüpfungen von Funktionen

Summe und Differenz: $f(x) = g(x) \pm h(x) \Rightarrow f'(x) = g'(x) \pm h'(x)$

Produkt: $f(x) = g(x) \cdot h(x) \Rightarrow f'(x) = g'(x) \cdot h(x) + g(x) \cdot h'(x)$

Quotient: $f(x) = \dfrac{g(x)}{h(x)} \Rightarrow f'(x) = \dfrac{g'(x) \cdot h(x) - g(x) \cdot h'(x)}{(h(x))^2}$
$(h(x) \neq 0)$

Potenz: $f(x) = g(x)^{h(x)} \Rightarrow f'(x) = g(x)^{h(x)} \cdot \left(\dfrac{h(x)}{g(x)} g'(x) + h'(x) \cdot \ln g(x) \right)$
$(g(x) > 0)$

Kettenregel: Ist $y = f(x) = g(h(x))$ und $z = h(x)$, so gilt

$$f'(x) = \frac{dg(z)}{dz} \cdot \frac{dh(x)}{dx}, \quad \text{kurz:} \quad \frac{dy}{dx} = \frac{dy}{dz} \cdot \frac{dz}{dx}$$

$$f''(x) = \frac{dg(z)}{dz} \cdot \frac{d^2 h(x)}{dx^2} + \frac{d^2 g(z)}{dz^2} \cdot \left(\frac{dh(x)}{dx} \right)^2, \text{kurz:} \quad \frac{d^2 y}{dx^2} = \frac{dy}{dz} \cdot \frac{d^2 z}{dx^2} + \frac{d^2 y}{dz^2} \cdot \left(\frac{dz}{dx} \right)^2$$

Logarithmische Differentiation: $\quad f(x) = \ln g(x) \Rightarrow f'(x) = \dfrac{g'(x)}{g(x)}$

Umkehrfunktion: Zu f sei f^{-1} die Umkehrfunktion (siehe 3.4.), es gelte also:
$y = f(x) \Longleftrightarrow x = f^{-1}(y)$

Dann gilt: $(f^{-1}(y))' = \dfrac{1}{f'(x)}, \quad \text{kurz:} \quad \dfrac{dx}{dy} = \dfrac{1}{\frac{dy}{dx}}$

Mittelwertsatz: Ist f in $[a, a + h]$ $(h > 0)$ stetig und in $]a, a + h[$ differenzierbar, so gibt es ein ϑ mit $0 < \vartheta < 1$, so daß gilt:
$$\frac{f(a + h) - f(a)}{h} = f'(a + \vartheta h).$$

Regel von de l'Hospital: Gilt für $\frac{f(x)}{g(x)}$

$f(x_0) = g(x_0) = 0$ oder $f(x) \to \pm\infty$, $g(x) \to \pm\infty$ für $x \to x_0$,

dann läßt sich die Funktion $x \mapsto \frac{f(x)}{g(x)}$ $(x \neq x_0)$ stetig ergänzen durch $\frac{f'(x_0)}{g'(x_0)}$, falls

dieser Bruch existiert, d. h. es ist $\lim\limits_{x \to x_0} \frac{f(x)}{g(x)} = \frac{f'(x_0)}{g'(x_0)}$.

Ableitungen einiger Grundfunktionen:

$f(x)$	$f'(x)$	$f(x)$	$f'(x)$	$f(x)$	$f'(x)$
$ax^n \, (n \in \mathbb{N})$	$a \cdot n \cdot x^{n-1}$	$\sin x$	$\cos x$	$\arcsin x$	$\dfrac{1}{\sqrt{1-x^2}}$
$ax^r \, (r \in \mathbb{R})$	$a \cdot r \cdot x^{r-1}$	$\cos x$	$-\sin x$	$\arccos x$	$-\dfrac{1}{\sqrt{1-x^2}}$
c	0	$\tan x$	$\dfrac{1}{(\cos x)^2}$	$\arctan x$	$\dfrac{1}{1+x^2}$
$\sqrt{x}$	$\dfrac{1}{2\sqrt{x}}$	$\cot x$	$-\dfrac{1}{(\sin x)^2}$	$\text{arccot}\, x$	$-\dfrac{1}{1+x^2}$
a^x	$a^x \ln a$	$\sinh x$	$\cosh x$	$\text{ar sinh}\, x$	$\dfrac{1}{\sqrt{x^2+1}}$
$\log_a x$	$\dfrac{1}{x} \log_a e = \dfrac{1}{x \cdot \ln a}$	$\cosh x$	$\sinh x$	$\text{ar cosh}\, x$	$\dfrac{1}{\sqrt{x^2-1}}$
e^x	e^x	$\tanh x$	$\dfrac{1}{(\cosh x)^2}$	$\text{ar tanh}\, x$	$\dfrac{1}{1-x^2}$
$\ln x$	$\dfrac{1}{x}$	$\coth x$	$-\dfrac{1}{(\sinh x)^2}$	$\text{ar coth}\, x$	$-\dfrac{1}{x^2-1}$

Untersuchung von Funktionen:

f heißt **gerade** $\Longleftrightarrow \bigwedge\limits_{x \in \mathbb{R}} f(-x) = f(x)$.

f heißt **ungerade** $\Longleftrightarrow \bigwedge\limits_{x \in \mathbb{R}} f(-x) = -f(x)$.

Es gilt (A ist jeweils hinreichende Bedingung von B):

$$A \quad\Rightarrow\quad B$$

$f'(x) = 0$ und $f''(x) < 0$ $\Rightarrow$ Maximum

$f'(x) = 0$ und $f''(x) > 0$ $\Rightarrow$ Minimum

$f''(x) > 0$	$\Rightarrow$ Linkskrümmung (konkav nach oben)
$f''(x) < 0$	$\Rightarrow$ Rechtskrümmung (konvex nach oben)
$f''(x) = 0$ und $f'''(x) < 0$	$\Rightarrow$ Wendepunkt mit Links-Rechts-Krümmung
$f''(x) = 0$ und $f'''(x) > 0$	$\Rightarrow$ Wendepunkt mit Rechts-Links-Krümmung
$f'(x) = f''(x) = f'''(x) = 0$ und $f''''(x) < 0$	$\Rightarrow$ Maximum
$f'(x) = f''(x) = f'''(x) = 0$ und $f''''(x) > 0$	$\Rightarrow$ Minimum
...	...

Krümmungskreis $(f''(x) \neq 0)$:

Mittelpunkt: $\quad M\left(x - f'(x)\,\dfrac{1 + (f'(x))^2}{f''(x)} \;\middle|\; f(x) + \dfrac{1 + (f'(x))^2}{f''(x)} \right)$

Radius: $\quad \rho = \dfrac{(1 + (f'(x))^2)^{\frac{3}{2}}}{f''(x)}$ $\qquad$ Krümmung: $\quad \kappa = \dfrac{1}{\rho}$

14.2.2. Funktionen zweier Veränderlichen und implizite Funktionen

$$f : \begin{array}{l} \mathbb{R} \times \mathbb{R} \to \mathbb{R} \\ (x, y) \mapsto f(x, y) \end{array}$$

Partielle Ableitungen 1. Ordnung:

$$\frac{\partial f(x, y)}{\partial x} = f_x(x, y) = \lim_{\Delta x \to 0} \frac{f(x + \Delta x, y) - f(x, y)}{\Delta x}$$

$$\frac{\partial f(x, y)}{\partial y} = f_y(x, y) = \lim_{\Delta y \to 0} \frac{f(x, y + \Delta y) - f(x, y)}{\Delta y}$$

Partielle Ableitungen 2. Ordnung:

$$\frac{\partial^2 f(x, y)}{\partial x^2} = \frac{\partial f_x(x, y)}{\partial x} = f_{xx}(x, y); \qquad \frac{\partial^2 f(x, y)}{\partial y^2} = \frac{\partial f_y(x, y)}{\partial y} = f_{yy}(x, y)$$

$$\frac{\partial^2 f(x, y)}{\partial x\, \partial y} = \frac{\partial f_x(x, y)}{\partial y} = f_{xy}(x, y); \qquad \frac{\partial^2 f(x, y)}{\partial y\, \partial x} = \frac{\partial f_y(x, y)}{\partial x} = f_{yx}(x, y)$$

Es gilt: Ist f zweimal stetig differenzierbar, so ist: $f_{xy} = f_{yx}$.

Implizite Funktionen:

Ist $f_y(x_0, y_0) \neq 0$ und f_y stetig in (x_0, y_0), so gibt es eine Umgebung $U(x_0)$ und eine Umgebung $V(y_0)$, so daß die Zuordnung:

$$\hat{f} : \begin{array}{l} U(x_0) \to V(y_0) \\ x \mapsto \text{dasjenige } y, \text{ für das gilt: } f(x, y) = 0 \text{ und } y \in V(y_0) \end{array}$$

eindeutig und somit eine Funktion ist.

Man sagt: Die Funktion $\hat{f}$ ist durch $f(x, y) = 0$ **implizit** gegeben.

Diese Funktion $\hat{f}$ hat in x_0 die Ableitungen:

$$\frac{\mathrm{d}y}{\mathrm{d}x} = -\frac{\dfrac{\partial f}{\partial x}}{\dfrac{\partial f}{\partial y}} = -\frac{f_x}{f_y}; \qquad \frac{\mathrm{d}^2 y}{\mathrm{d}x^2} = -\frac{f_{xx}f_y^2 - 2f_{xy}f_xf_y + f_{yy}f_x^2}{f_y^3}$$

14.2.3. Parameterdarstellung von Kurven

$$\mathbb{R} \to \mathbb{R} \times \mathbb{R}$$
$$t \mapsto (f(t), g(t))$$

Es gilt:

Ist $x_1 = f(t_1)$, $y_1 = g(t_1)$, so hat die Tangente in $P_1(x_1|y_1)$ die Gleichung:

$(x - x_1)g'(t_1) - (y - y_1)f'(t_1) = 0$

$g'(t) = 0, \ f'(t) \neq 0, \ \begin{array}{l} g''(t) < 0 \Rightarrow \text{Maximum an der Stelle } (f(t), g(t)) \\ g''(t) > 0 \Rightarrow \text{Minimum an der Stelle } (f(t), g(t)) \end{array}$

14.2.4. Differentialgleichungen

Eine Gleichung mit den Variablen x, $f(x)$, $f'(x)$, $f''(x)$, ..., wobei $\quad f: \begin{array}{l} A \to B \\ x \mapsto f(x) \end{array}$,

$A, B \subseteq \mathbb{R}$ ist, heißt **Differentialgleichung**. **Lösung** ist jede Funktion f^* dieser Art, für die die Gleichung für alle $x \in A$ richtig ist.

Beispiele:

(1) $\quad f''(x) + k^2 f(x) = 0 \ (k \in \mathbb{R})$

$\quad\quad$ Lösungen: $f^*(x) = C_1 \sin kx + C_2 \cos kx, \ C_1, C_2 \in \mathbb{R}$

(2) $\quad f''(x) - k^2 f(x) = 0 \ (k \in \mathbb{R})$

$\quad\quad$ Lösungen: $f^*(x) = C_1 e^{kx} + C_2 e^{-kx}, \quad\quad C_1, C_2 \in \mathbb{R}$

$\quad\quad$ oder: $f^*(x) = C_1' \sinh kx + C_2' \cosh kx, \ C_1', C_2' \in \mathbb{R}$

(3) $\quad f'(x) - k f(x) = 0 \ (k \in \mathbb{R})$

$\quad\quad$ Lösungen: $f^*(x) = C e^{kx}, \quad C \in \mathbb{R}$

14.3. Integralrechnung

14.3.1. Grundlegende Definitionen und Sätze

Unbestimmtes Integral

$\int f(x)\mathrm{d}x = \{F(x)|F'(x) = f(x)\}$

Man schreibt auch: $\int f(x)\mathrm{d}x = F(x) + C$, wobei $\dfrac{\mathrm{d}F(x)}{\mathrm{d}x} = f(x)$ und $C \in \mathbb{R}$ ist.

F heißt **Stammfunktion** von f, C **Integrationskonstante**.

Regeln:

$$\int a \cdot f(x)\,dx = a \cdot \int f(x)\,dx \qquad \text{für } a \in \mathbb{R}^* = \mathbb{R}\setminus\{0\}$$

$$\int 0 \cdot f(x)\,dx = C, \quad C \in \mathbb{R}$$

$$\int [f(x) \pm g(x)]\,dx = \int f(x)\,dx \pm \int g(x)\,dx$$

Partielle Integration:

$$\int f(x)\,g'(x)\,dx = f(x)\,g(x) - \int f'(x)\,g(x)\,dx$$

Logarithmische Integration:

$$\int \frac{f'(x)}{f(x)}\,dx = \ln|f(x)| + C, \qquad \text{falls } f(x) \neq 0$$

Substitution:

$$\int f(x)\,dx = \int f(g(z)) \cdot g'(z)\,dz, \quad \text{wobei: } x = g(z),\ g'(z) = \frac{dg(z)}{dz} \neq 0$$

Bestimmtes Integral

Es sei $f(x)$ definiert im Intervall $[a, b] = \{x \mid a \leqslant x \leqslant b\}$ und $[a, b]$ für jedes $n \in \mathbb{N}$ durch Zahlen $x_0^{(n)}, x_1^{(n)}, ..., x_{n-1}^{(n)}, x_n^{(n)}$ mit $x_0^{(n)} = a$ und $x_n^{(n)} = b$ und $x_i^{(n)} \leqslant x_{i+1}^{(n)}$ in Teilintervalle unterteilt, derart, daß für alle i gilt: $\lim\limits_{n \to \infty} (x_{i+1}^{(n)} - x_i^{(n)}) = 0$.

Existiert dann unabhängig von der speziellen Wahl der Zahlen $x_i^{(n)}$ und der Zahlen $\xi_i^{(n)}$ mit $x_{i-1}^{(n)} \leqslant \xi_i^{(n)} \leqslant x_i^{(n)}$ der Grenzwert

$$\lim_{n \to \infty} \sum_{i=1}^{n} f(\xi_i^{(n)})\,(x_i^{(n)} - x_{i-1}^{(n)}), \quad \text{so nennt man } f \text{ \textbf{integrierbar} in } [a, b].$$

Man schreibt dann kurz:

$$\int_a^b f(x)\,dx = \lim_{n \to \infty} \sum_{i=1}^{n} f(\xi_i^{(n)}) \cdot \left(x_i^{(n)} - x_{i-1}^{(n)}\right)$$

Es gilt: Jede in $[a, b]$ stetige Funktion ist integrierbar in $[a, b]$.

Ist $\int f(x)\,dx = F(x) + C$, so ist:

$$\int_a^b f(x)\,dx = F(b) - F(a) \quad \text{und} \quad \frac{d}{dx}\int_a^x f(t)\,dt = F'(x) = f(x)$$

$$\int_a^b f(x)\,dx = -\int_b^a f(x)\,dx$$

Eigentlich handelt es sich hier nicht um einen Satz, sondern um eine Definition.

$$\int_a^b [f(x) \pm g(x)]\,dx = \int_a^b f(x)\,dx \pm \int_a^b g(x)\,dx \qquad \int_a^b f(x)\,dx = \int_a^c f(x)\,dx + \int_c^b f(x)\,dx$$

$$\int_a^b f(x)\,g'(x)\,dx = f(b)\,g(b) - f(a)\,g(a) - \int_a^b f'(x)\,g(x)\,dx$$

(vgl. partielle Integration)

14.3.2. Unbestimmte Integrale (ohne Integrationskonstante)

$$\int dx = x \qquad\qquad \int x^n\,dx = \frac{x^{n+1}}{n+1} \quad (n \neq -1)$$

$$\int \frac{1}{\sqrt{x}}\,dx = 2\sqrt{x} \qquad\qquad \int \frac{1}{x}\,dx = \ln|x|$$

$$\int \frac{1}{a+bx}\,dx = \frac{1}{b}\ln|a+bx| \qquad \int (a+bx)^n\,dx = \frac{(a+bx)^{n+1}}{b(n+1)} \quad (n \neq -1)$$

$$\int \frac{dx}{\sqrt{ax+b}} = \frac{2}{a}\sqrt{ax+b} \qquad \int \frac{dx}{(ax+b)(cx+d)} = \frac{1}{ad-bc}\ln\left|\frac{ax+b}{cx+d}\right| \quad (ad \neq bc)$$

$$\int \frac{dx}{ax^2 + 2bx + c} = \begin{cases} \dfrac{1}{\sqrt{ac-b^2}}\arctan\dfrac{ax+b}{\sqrt{ac-b^2}}, & \text{falls } b^2 - ac < 0 \\[2ex] \dfrac{-1}{ax+b}, & \text{falls } b^2 - ac = 0 \\[2ex] \dfrac{1}{2\sqrt{b^2-ac}}\ln\left|\dfrac{ax+b-\sqrt{b^2-ac}}{ax+b+\sqrt{b^2-ac}}\right|, & \text{falls } b^2 - ac > 0 \end{cases}$$

$$\int \frac{dx}{\sqrt{1-x^2}} = \arcsin x = -\arccos x + \frac{\pi}{2}; \quad \int \frac{dx}{1+x^2} = \arctan x = -\operatorname{arccot} x + \frac{\pi}{2}$$

$$\int \sqrt{a^2 - x^2}\,dx = \frac{x}{2}\sqrt{a^2 - x^2} + \frac{a^2}{2}\arcsin\frac{x}{|a|} \quad (a \neq 0)$$

$$\int \frac{dx}{\sqrt{x^2+a^2}} = \operatorname{arsinh}\frac{x}{a} = \ln(x + \sqrt{x^2+a^2}) - \ln|a| \quad (a \neq 0)$$

$$\int \frac{dx}{\sqrt{x^2 - a^2}} = \operatorname{arcosh} \frac{x}{a} = \ln\left|x + \sqrt{x^2 - a^2}\right| - \ln|a| \quad (a \neq 0)$$

$$\int \frac{dx}{a^2 - x^2} = \frac{1}{a} \operatorname{artanh} \frac{x}{a} = \frac{1}{2a} \ln \frac{a + x}{a - x} \qquad (|x| < |a|, \ a \neq 0)$$

$$\int \frac{dx}{x^2 - a^2} = -\frac{1}{a} \operatorname{arcoth} \frac{x}{a} = -\frac{1}{2a} \ln \frac{x + a}{x - a} \quad (|x| > |a|, \ a \neq 0)$$

$$\int \ln x \, dx = x \ln x - x \qquad \int x^n \ln x \, dx = \frac{x^{n+1}}{n+1}\left(\ln x - \frac{1}{n+1}\right) \quad (n \neq -1)$$

$$\int e^x \, dx = e^x \qquad \int a^x \, dx = \frac{1}{\ln a}\, a^x \quad (a \neq 1, \ a > 0)$$

$$\int x^n e^x \, dx = x^n e^x - n \int x^{n-1} e^x \, dx$$

$$\int \sin x \, dx = -\cos x \qquad \int (\sin x)^2 \, dx = \frac{x}{2} - \frac{1}{4}\sin 2x$$

$$\int \cos x \, dx = \sin x \qquad \int (\cos x)^2 \, dx = \frac{x}{2} + \frac{1}{4}\sin 2x$$

$$\int \tan x \, dx = -\ln|\cos x| \qquad \int (\tan x)^2 \, dx = -x + \tan x$$

$$\int \cot x \, dx = \ln|\sin x| \qquad \int (\cot x)^2 \, dx = -x - \cot x$$

$$\int (\sin x)^n \, dx = -\frac{\cos x\, (\sin x)^{n-1}}{n} + \frac{n-1}{n} \int (\sin x)^{n-2} \, dx$$

$$\int (\cos x)^n \, dx = \frac{\sin x\, (\cos x)^{n-1}}{n} + \frac{n-1}{n} \int (\cos x)^{n-2} \, dx$$

$$\int (\tan x)^n \, dx = \frac{(\tan x)^{n-1}}{n-1} - \int (\tan x)^{n-2} \, dx \qquad (n \neq 1)$$

$$\int (\cot x)^n \, dx = -\frac{(\cot x)^{n-1}}{n-1} - \int (\cot x)^{n-2} \, dx \qquad (n \neq 1)$$

$$\int \frac{dx}{(\sin x)^2} = -\cot x \qquad \int \frac{dx}{\sin x} = \ln\left|\tan \frac{x}{2}\right|$$

$$\int \frac{dx}{(\cos x)^2} = \tan x \qquad \int \frac{dx}{\cos x} = \ln\left|\tan\left(\frac{x}{2} + \frac{\pi}{4}\right)\right|$$

$$\int \sinh \, dx = \cosh x \qquad \int \tanh x \, dx = \ln \cosh x$$

$$\int \cosh x \, dx = \sinh x \qquad \int \coth x \, dx = \ln|\sinh x|$$

$$\int \frac{dx}{\sinh x} = \ln\left|\tanh \frac{x}{2}\right| \qquad \int \frac{dx}{\cosh x} = \arcsin(\tanh x)$$

$$\int \frac{dx}{(\sinh x)^2} = -\coth x \qquad \int \frac{dx}{(\cosh x)^2} = \tanh x$$

$$\int \frac{dx}{1 + \cos x} = \tan \frac{x}{2} \qquad \int \frac{dx}{1 + \sin x} = \tan\left(\frac{x}{2} - \frac{\pi}{4}\right)$$

$$\int \frac{dx}{1 - \cos x} = -\cot \frac{x}{2} \qquad \int \frac{dx}{1 - \sin x} = -\cot\left(\frac{x}{2} - \frac{\pi}{4}\right)$$

$$\int \arcsin x \, dx = x \arcsin x + \sqrt{1 - x^2} \qquad \int \arccos x \, dx = x \arccos x - \sqrt{1 - x^2}$$

$$\int \arctan x \, dx = x \arctan x - \tfrac{1}{2} \ln(1 + x^2) \qquad \int \text{arccot}\, x \, dx = x \, \text{arccot}\, x + \tfrac{1}{2} \ln(1 + x^2)$$

14.3.3. Spezielle Regeln und Sätze

Fläche zwischen Kurvenstück und x-Achse: $A_x = \int_a^b f(x)\,dx$ [1]

Fläche zwischen den Kurven
mit $y = f(x)$ bzw. $y = g(x)$: $A = \int_a^b (f(x) - g(x))\,dx$ [1]

Drehkörper:

Drehachse für die Kurve mit $y = f(x)$ sei die x-Achse:

Volumen: $V_x = \pi \int_a^b [f(x)]^2\,dx$; Mantel: $M_x = 2\pi \int_a^b f(x)\sqrt{1 + [f'(x)]^2}\,dx$

Schwerpunkt S_K $(x_K \mid y_K)$ des Kurvenstücks s:

$$(x_K \mid y_K) = \left(\frac{1}{s} \cdot \int_a^b x\sqrt{1 + [f'(x)]^2}\,dx \;\middle|\; \frac{1}{s} \cdot \int_a^b f(x)\sqrt{1 + [f'(x)]^2}\,dx\right)$$

Weg von S_K bei Drehung: $w_K = 2\pi y_K$

Schwerpunkt S_A $(x_A \mid y_A)$
der gedrehten Fläche A: $(x_A \mid y_A) = \left(\frac{1}{A} \cdot \int_a^b x f(x)\,dx \;\middle|\; \frac{1}{2A} \cdot \int_a^b [f(x)]^2\,dx\right)$

Schwerpunkt S_A der gedrehten Fläche A zwischen den Kurven mit $y = f(x)$
bzw. $y = g(x)$:

$$(x_A \mid y_A) = \left(\frac{1}{A} \cdot \int_a^b x[f(x) - g(x)]\,dx \;\middle|\; \frac{1}{2A} \cdot \int_a^b ([f(x)]^2 - [g(x)]^2)\,dx\right)$$

Weg von S_A bei Drehung: $w_A = 2\pi y_A$

Guldinsche Regel: $M_x = s \cdot w_K$; $V_x = A \cdot w_A$

[1] Nullstellen beachten!

Parameterform:

$$\mathbb{R} \to \mathbb{R} \times \mathbb{R}$$
$$t \mapsto (f(t), g(t))$$

Länge des Kurvenstücks: $\quad s = \int\limits_{t_1}^{t_2} \sqrt{[f'(t)]^2 + [g'(t)]^2}\ \mathrm{d}t$

Numerische Integration:

Simpsonsche Regel:

$$\int\limits_a^b f(x)\,\mathrm{d}x \approx \frac{b-a}{6n}\Big[f(x_0) + f(x_{2n}) +$$

$$+ 4\big(f(x_1) + f(x_3) + \ldots + f(x_{2n-1})\big) +$$
$$+ 2\big(f(x_2) + f(x_4) + \ldots + f(x_{2n-2})\big)\Big]$$

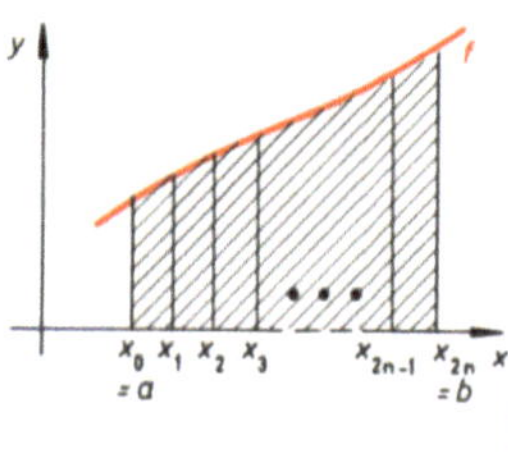

Keplersche Faßregel: $\quad \int\limits_a^b f(x)\,\mathrm{d}x \approx \dfrac{b-a}{6}\left[f(a) + 4f\left(\dfrac{a+b}{2}\right) + f(b)\right]$
$(n = 1)$

14.4. Potenzreihenentwicklungen und Näherungsformeln

14.4.1. Allgemeines

Eine **Potenzreihe** ist eine Reihe (siehe 14.1.) der Form:

$$\sum_{n=0}^{\infty} a_n(x-c)^n = a_0 + a_1(x-c) + a_2(x-c)^2 + \ldots$$

mit $a_n, c \in \mathbb{R}$. c heißt **Entwicklungspunkt** der Potenzreihe.

$$\sum_{n=0}^{\infty} a_n(x-c)^n \text{ heißt \textbf{konvergent} in } x_0 \quad\Leftrightarrow\quad \sum_{n=0}^{\infty} a_n(x_0-c)^n \text{ konvergiert}$$
(siehe 14.1.)

Konvergenzbedingungen:

Leibniz
(notwendig)
$$\lim_{n \to \infty} a_n(x_0-c)^n = 0 \Leftarrow \sum_{n=0}^{\infty} a_n(x-c)^n \text{ konvergiert in } x_0$$

d'Alembert (hinreichend)
$$\left(\bigvee_{q \in \mathbb{R}} \lim_{n \to \infty}\left|\frac{a_n(x_0-c)^n}{a_{n-1}(x_0-c)^{n-1}}\right| \leq q < 1\right) \Rightarrow \sum_{n=0}^{\infty} a_n(x-c)^n \text{ konvergiert in } x_0$$

Alternierende Reihen (von Glied zu Glied wechselndes Vorzeichen):
(notwendig und hinreichend)
$$\lim_{n \to \infty} a_n(x_0-c)^n = 0 \Leftrightarrow \sum_{n=0}^{\infty} a_n(x-c)^n \text{ konvergiert in } x_0$$

Der **Konvergenzradius** R ist die größte positive Zahl, für die gilt:

$$\sum_{n=0}^{\infty} a_n (x - c)^n \text{ konvergiert für alle } x \text{ mit } |x - c| < R.$$

Spezielle Reihen:

Taylorsche Reihe

$$f(a + h) = f(a) + \frac{h}{1!} f'(a) + \frac{h^2}{2!} f''(a) + \dots + \frac{h^{n-1}}{(n-1)!} f^{(n-1)}(a) + R_n$$

Restglied (Lagrange): $\quad R_n = \frac{h^n}{n!} f^{(n)}(a + \vartheta h) \quad \text{mit} \quad 0 < \vartheta < 1$

oder nach den Ersetzungen $a + h = x$, $h = x - a$, $a + \vartheta h = \xi$ mit $a < \xi < x$:

$$f(x) = f(a) + \frac{x - a}{1!} f'(a) + \dots + \frac{(x - a)^{n-1}}{(n - 1)!} f^{(n-1)}(a) + R_n \,; \; R_n = \frac{(x - a)^n}{n!} f^{(n)}(\xi)$$

MacLaurinsche Reihe (speziell $a = 0$):

$$f(x) = f(0) + \frac{x}{1!} f'(0) + \dots + \frac{x^{n-1}}{(n - 1)!} f^{(n-1)}(0) + R_n$$

$$R_n = \frac{x^n}{n!} f^{(n)}(\vartheta x) \quad \text{mit} \quad 0 < \vartheta < 1$$

14.4.2. Binomische Reihe

(Binomischer Satz siehe 6.2.3.)

Für alle $x \in \mathbb{R}$ mit $|x| < 1$ und alle $r \in \mathbb{R}$ gilt:

$$(1 + x)^r = 1 + \binom{r}{1} x + \binom{r}{2} x^2 + \binom{r}{3} x^3 + \dots + \binom{r}{k} x^k + \dots$$

Dabei ist: $\binom{r}{k} = \dfrac{r(r - 1)(r - 2) \cdot \dots \cdot (r - k + 1)}{k!} \quad$ für $r \in \mathbb{R}$ und $k \in \mathbb{N}$

14.4.3. Reihenentwicklung transzendenter Funktionen

Trigonometrische Funktionen:

$$\sin x = x - \frac{x^3}{3!} + \frac{x^5}{5!} - \frac{x^7}{7!} + - \dots + (-1)^n \frac{x^{2n+1}}{(2n + 1)!} + \dots \qquad x \in \mathbb{R}$$

$$\cos x = 1 - \frac{x^2}{2!} + \frac{x^4}{4!} - \frac{x^6}{6!} + - \dots + (-1)^n \frac{x^{2n}}{(2n)!} + \dots \qquad x \in \mathbb{R}$$

$$\tan x = x + \frac{1}{3} x^3 + \frac{2}{15} x^5 + \frac{17}{315} x^7 + \frac{62}{2835} x^9 + \dots \qquad x \in \left] -\frac{\pi}{2}, \frac{\pi}{2} \right[$$

e-Funktion:

$$e^x = 1 + \frac{x}{1!} + \frac{x^2}{2!} + \frac{x^3}{3!} + \ldots + \frac{x^k}{k!} + \ldots \qquad x \in \mathbb{R}$$

$$a^x = e^{x \ln a} = 1 + \frac{x \ln a}{1!} + \frac{(x \ln a)^2}{2!} + \ldots + \frac{(x \ln a)^k}{k!} + \ldots \qquad x \in \mathbb{R}$$

Aus den vorstehenden Reihen ergibt sich unmittelbar:

Relationen von Euler: $\quad e^{ix} = \cos x + i \sin x; \quad e^{-ix} = \cos x - i \sin x;$

$$\cos x = \frac{e^{ix} + e^{-ix}}{2}; \qquad \sin x = \frac{e^{ix} - e^{-ix}}{2i}$$

ln-Funktion:

$$\ln x = \frac{x-1}{1} - \frac{(x-1)^2}{2} + \frac{(x-1)^3}{3} - + \ldots + (-1)^{k+1}\frac{(x-1)^k}{k} + \ldots \quad x \in \,]0, 2]$$

Arcusfunktionen.

$$\arcsin x = x + \frac{1}{2}\cdot\frac{x^3}{3} + \frac{1\cdot3}{2\cdot4}\cdot\frac{x^5}{5} + \frac{1\cdot3\cdot5}{2\cdot4\cdot6}\cdot\frac{x^7}{7} + \frac{1\cdot3\cdot5\cdot7}{2\cdot4\cdot6\cdot8}\cdot\frac{x^9}{9} + \ldots$$

$$\ldots + \frac{1\cdot3\cdot\ldots\cdot(2k-1)}{2\cdot4\cdot\ldots\cdot2k}\cdot\frac{x^{2k+1}}{2k+1} + \ldots \qquad x \in [-1, 1]$$

$$\arctan x = x - \frac{x^3}{3} + \frac{x^5}{5} - \frac{x^7}{7} + - \ldots + (-1)^k\cdot\frac{x^{2k+1}}{2k+1} + \ldots \qquad x \in [-1, 1]$$

$$= \frac{\pi}{2} - \frac{1}{x} + \frac{1}{3x^3} - \frac{1}{5x^5} + - \ldots + (-1)^{k+1}\cdot\frac{1}{(2k+1)x^{2k+1}} + \ldots \quad x \in \mathbb{R}\setminus\,]-1, 1[$$

Hyperbelfunktionen:

$$\sinh x = x + \frac{x^3}{3!} + \frac{x^5}{5!} + \frac{x^7}{7!} + \ldots + \frac{x^{2k+1}}{(2k+1)!} + \ldots \qquad x \in \mathbb{R}$$

$$\cosh x = 1 + \frac{x^2}{2!} + \frac{x^4}{4!} + \frac{x^6}{6!} + \ldots + \frac{x^{2k}}{(2k)!} + \ldots \qquad x \in \mathbb{R}$$

$$\tanh x = x - \frac{1}{3}x^3 + \frac{2}{15}x^5 - \frac{17}{315}x^7 + \frac{62}{2835}x^9 - + \ldots \qquad x \in \,]-\tfrac{\pi}{2}, \tfrac{\pi}{2}[$$

$$\operatorname{artanh} x = x + \frac{x^3}{3} + \frac{x^5}{5} + \frac{x^7}{7} + \ldots + \frac{x^{2k+1}}{2k+1} + \ldots \qquad x \in \,]-1, 1[$$

Gaußsches Fehlerintegral $(x \in \mathbb{R})$:

$$\frac{1}{\sqrt{2\pi}} \int_{-\infty}^{x} e^{-\frac{1}{2}t^2}\, dt = 0,5 + \frac{1}{\sqrt{2\pi}}$$

$$\left(\frac{x}{1} - \frac{x^3}{3\cdot 2\cdot 1!} + \frac{x^5}{5\cdot 4\cdot 2!} - \frac{x^7}{7\cdot 8\cdot 3!} + \frac{x^9}{9\cdot 16\cdot 4!} - +\ldots + (-1)^k \frac{x^{2k+1}}{(2k+1)\cdot 2^k\cdot k!} + -\ldots \right)$$

14.4.4. Näherungsformeln für sehr kleine Werte von x

$$(1 \pm x)^n \approx 1 \pm nx, \quad n \in \mathbb{R} \qquad \sin x \approx \tan x \approx x$$

$$\sqrt{a^2 + x^2} \approx a\left(1 + \tfrac{1}{2}\cdot \frac{x^2}{a^2}\right) \qquad \sin(a + x) \approx \sin a + x\cos a$$

$$e^x \approx 1 + x + \frac{x^2}{2} \qquad \ln(1 + x) \approx x - \tfrac{1}{2}x^2 \qquad \cos x \approx 1 - \frac{x^2}{2}$$

$$\sinh x \approx \tanh x \approx x \qquad \cosh x \approx 1 + \frac{x^2}{2} \qquad \operatorname{ar\,sinh} x \approx \operatorname{ar\,tanh} x \approx x$$

15. Spezielle Funktionen

15.1. Arcusfunktionen

Man kann Urbildmenge und Zielmenge jeder trigonometrischen Funktion so einschränken, daß man eine *bijektive* (eineindeutige) Funktion erhält. Deren Umkehrung heißt **Arcusfunktion.**

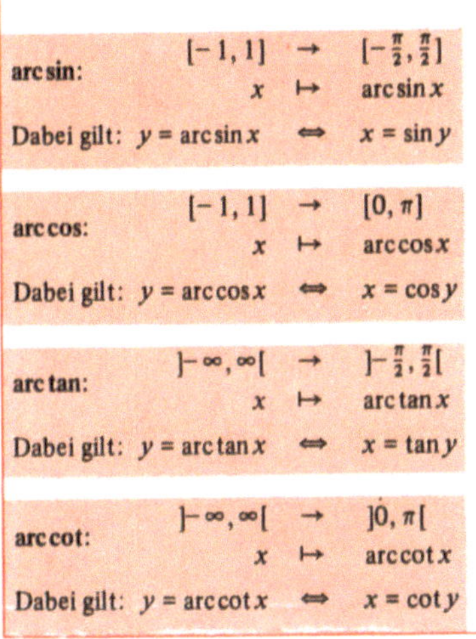

arc sin:
$$[-1, 1] \rightarrow [-\tfrac{\pi}{2}, \tfrac{\pi}{2}]$$
$$x \mapsto \arcsin x$$
Dabei gilt: $y = \arcsin x \iff x = \sin y$

arc cos:
$$[-1, 1] \rightarrow [0, \pi]$$
$$x \mapsto \arccos x$$
Dabei gilt: $y = \arccos x \iff x = \cos y$

arc tan:
$$]-\infty, \infty[\rightarrow]-\tfrac{\pi}{2}, \tfrac{\pi}{2}[$$
$$x \mapsto \arctan x$$
Dabei gilt: $y = \arctan x \iff x = \tan y$

arc cot:
$$]-\infty, \infty[\rightarrow]0, \pi[$$
$$x \mapsto \operatorname{arccot} x$$
Dabei gilt: $y = \operatorname{arccot} x \iff x = \cot y$

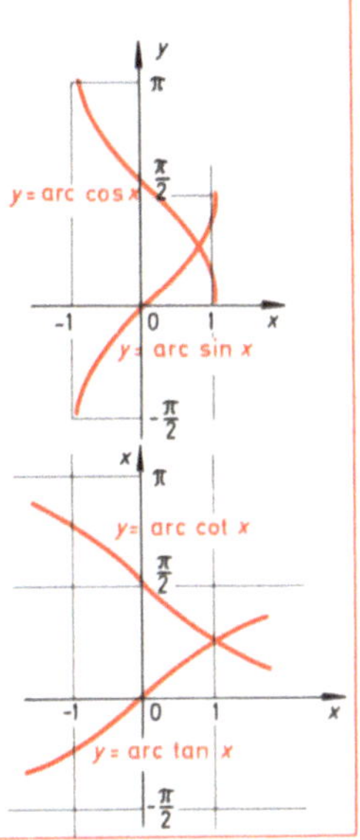

Zusammenhänge zwischen den Arcusfunktionen
(zusätzliche Einschränkung: $x > 0$)

	arcsin	arccos	arctan	arccot
$\arcsin x$	$-\arcsin(-x)$	$\arccos \sqrt{1-x^2}$	$\arctan \dfrac{x}{\sqrt{1-x^2}}$	$\operatorname{arccot} \dfrac{\sqrt{1-x^2}}{x}$
$\arccos x$	$\arcsin \sqrt{1-x^2}$	$\pi - \arccos(-x)$	$\arctan \dfrac{\sqrt{1-x^2}}{x}$	$\operatorname{arccot} \dfrac{x}{\sqrt{1-x^2}}$
$\arctan x$	$\arcsin \dfrac{x}{\sqrt{1+x^2}}$	$\arccos \dfrac{1}{\sqrt{1+x^2}}$	$-\arctan(-x)$	$\operatorname{arccot} \dfrac{1}{x}$
$\operatorname{arccot} x$	$\arcsin \dfrac{1}{\sqrt{1+x^2}}$	$\arccos \dfrac{x}{\sqrt{1+x^2}}$	$\arctan \dfrac{1}{x}$	$\pi - \operatorname{arccot}(-x)$

Reihenentwicklungen siehe 14.4.3.

15.2. Hyperbelfunktionen

Für alle $x \in \mathbb{R}$ sei:

$$\sinh x = \frac{e^x - e^{-x}}{2}$$

$$\cosh x = \frac{e^x + e^{-x}}{2}$$

$$\tanh x = \frac{e^x - e^{-x}}{e^x + e^{-x}}$$

$$\coth x = \frac{e^x + e^{-x}}{e^x - e^{-x}}$$

(sinh, ... wird gelesen: Sinus hyperbolicus, ...)
(vgl. Eulersche Relationen, 14.4.3.)

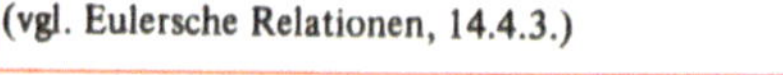

Zusammenhänge zwischen den Hyperbelfunktionen

$$(\cosh x)^2 - (\sinh x)^2 = 1 \qquad \coth x = \frac{1}{\tanh x} \qquad \tanh x = \frac{\sinh x}{\cosh x}$$

Für $x > 0$ gilt zusätzlich:

	ausgedrückt durch:			
	sinh	cosh	tanh	coth
$\sinh x$	$-\sinh(-x)$	$\sqrt{(\cosh x)^2 - 1}$	$\dfrac{\tanh x}{\sqrt{1 - (\tanh x)^2}}$	$\dfrac{1}{\sqrt{(\coth x)^2 - 1}}$
$\cosh x$	$\sqrt{1 + (\sinh x)^2}$	$\cosh(-x)$	$\dfrac{1}{\sqrt{1 - (\tanh x)^2}}$	$\dfrac{\coth x}{\sqrt{(\coth x)^2 - 1}}$
$\tanh x$	$\dfrac{\sinh x}{\sqrt{1 + (\sinh x)^2}}$	$\dfrac{\sqrt{(\cosh x)^2 - 1}}{\cosh x}$	$-\tanh(-x)$	$\dfrac{1}{\coth x}$
$\coth x$	$\dfrac{\sqrt{1 + (\sinh x)^2}}{\sinh x}$	$\dfrac{\cosh x}{\sqrt{(\cosh x)^2 - 1}}$	$\dfrac{1}{\tanh x}$	$-\coth(-x)$

Additionstheoreme

$$\sinh(u \pm v) = \sinh u \cdot \cosh v \pm \cosh u \cdot \sinh v$$

$$\cosh(u \pm v) = \cosh u \cdot \cosh v \pm \sinh u \cdot \sinh v$$

$$\tanh(u \pm v) = \frac{\tanh u \pm \tanh v}{1 \pm \tanh u \cdot \tanh v} \qquad \coth(u \pm v) = \frac{\coth u \cdot \coth v \pm 1}{\coth v \pm \coth u}$$

Hyperbelfunktionen und trigonometrische Funktionen

$$\sinh x = -\,\mathrm{i}\,\sin(\mathrm{i}x) \qquad\qquad \sin x = -\,\mathrm{i}\,\sinh(\mathrm{i}x)$$

$$\cosh x = \cos(\mathrm{i}x) \qquad\qquad\quad \cos x = \cosh(\mathrm{i}x)$$

$$\tanh x = -\,\mathrm{i}\,\tan(\mathrm{i}x) \qquad\qquad \tan x = -\,\mathrm{i}\,\tanh(\mathrm{i}x)$$

$$\coth x = \mathrm{i}\,\cot(\mathrm{i}x) \qquad\qquad\quad \cot x = \mathrm{i}\,\coth(\mathrm{i}x)$$

15.3. Areafunktionen

Man kann Urbildmenge und Zielmenge jeder Hyperbelfunktion so einschränken, daß man eine *bijektive* (eineindeutige) Funktion erhält. Deren Umkehrung heißt **Areafunktion.**

(arcosh, ... wird gelesen: area cosinus hyperbolicus, ...)

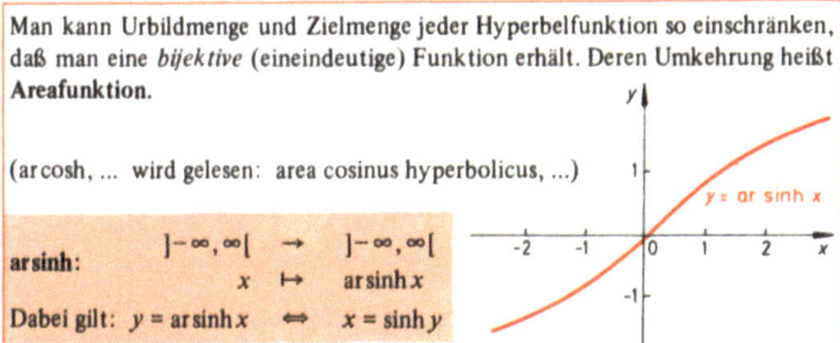

ar sinh: $]-\infty, \infty[\;\rightarrow\;]-\infty, \infty[$
$x \;\mapsto\; \operatorname{ar sinh} x$

Dabei gilt: $y = \operatorname{ar sinh} x \;\Longleftrightarrow\; x = \sinh y$

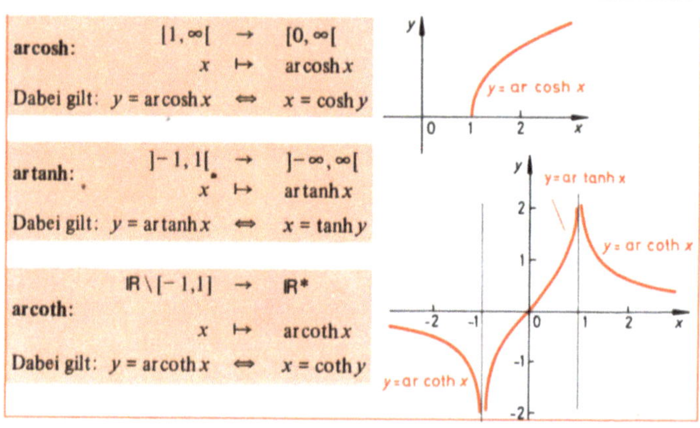

16. Kombinatorik, Statistik, Wahrscheinlichkeitsrechnung

16.1. Kombinatorik

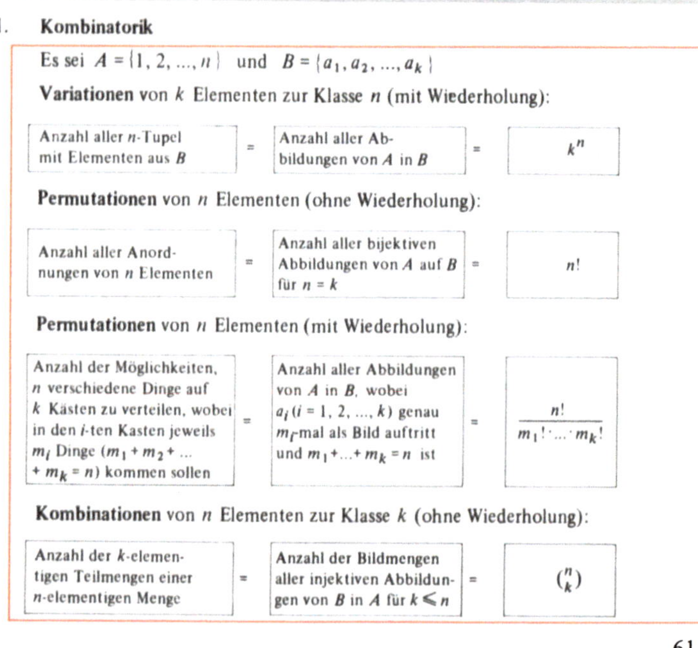

Es sei $A = \{1, 2, ..., n\}$ und $B = \{a_1, a_2, ..., a_k\}$

Variationen von k Elementen zur Klasse n (mit Wiederholung):

Anzahl aller n-Tupel mit Elementen aus B	=	Anzahl aller Abbildungen von A in B	=	k^n

Permutationen von n Elementen (ohne Wiederholung):

Anzahl aller Anordnungen von n Elementen	=	Anzahl aller bijektiven Abbildungen von A auf B für $n = k$	=	$n!$

Permutationen von n Elementen (mit Wiederholung):

Anzahl der Möglichkeiten, n verschiedene Dinge auf k Kästen zu verteilen, wobei in den i-ten Kasten jeweils m_i Dinge $(m_1 + m_2 + ... + m_k = n)$ kommen sollen	=	Anzahl aller Abbildungen von A in B, wobei a_i $(i = 1, 2, ..., k)$ genau m_i-mal als Bild auftritt und $m_1 + ... + m_k = n$ ist	=	$\dfrac{n!}{m_1! \cdot ... \cdot m_k!}$

Kombinationen von n Elementen zur Klasse k (ohne Wiederholung):

Anzahl der k-elementigen Teilmengen einer n-elementigen Menge	=	Anzahl der Bildmengen aller injektiven Abbildungen von B in A für $k \leqslant n$	=	$\binom{n}{k}$

16.2. Statistik

Tritt ein Ereignis bei m Versuchen genau H-mal ein, so nennt man H die **absolute Häufigkeit**, $h = \frac{H}{m}$ die **relative Häufigkeit** dieses Ereignisses.

Für k Ablesungswerte (Beobachtungswerte) $a_1, a_2, ..., a_k$, die bei insgesamt n Versuchen jeweils mit der absoluten Häufigkeit $H_1, H_2, ..., H_k$ (relativen Häufigkeit $h_1, h_2, ..., h_k$) auftreten, gilt:

Mittelwert
$$\bar{a} = \frac{1}{n} \sum_{i=1}^{k} a_i H_i = \sum_{i=1}^{k} a_i h_i$$

Varianz
$$\sigma^2 = \frac{1}{n} \sum_{i=1}^{k} (a_i - \bar{a})^2 H_i = \sum_{i=1}^{k} (a_i - \bar{a})^2 h_i$$

Streuung
$$\sigma = \sqrt{\frac{1}{n} \sum_{i=1}^{k} (a_i - \bar{a})^2 H_i} = \sqrt{\sum_{i=1}^{k} (a_i - \bar{a})^2 h_i}$$

16.3. Wahrscheinlichkeitsrechnung

Ist S die Menge aller möglichen Ausgänge eines Zufallsexperiments, so heißt jede Teilmenge E von S **Ereignis**. Dabei heißt S das **sichere**, $\emptyset$ das **unmögliche** Ereignis.

Man sagt: Das Ereignis E ist **eingetreten**, wenn der Ausgang des Experiments Element von E ist.

Sind E_1, E_2 Ereignisse, so *gilt:*

Das Ereignis $E_1 \cap E_2$ tritt genau dann ein, wenn *sowohl E_1 als auch E_2* eintritt.

Das Ereignis $E_1 \cup E_2$ tritt genau dann ein, wenn E_1 *oder* E_2 eintritt.

Das Ereignis $\bar{E}_1$ bzw. $\complement_S E_1$ tritt genau dann ein, wenn E_1 *nicht* eintritt.

$\bar{E}_1$ bzw. $\complement_S E_1$ nennt man auch das **Gegenereignis** von E_1.

Zwei Ereignisse E_1, E_2 heißen **unvereinbar**, wenn gilt: $E_1 \cap E_2 = \emptyset$.

Eine Abbildung $P: \begin{array}{l} \mathfrak{P}S \to \mathbb{R} \\ E \mapsto P(E) \end{array}$ heißt **Wahrscheinlichkeitsmaß** über S

$\updownarrow$

$(1) \quad \bigwedge_{E \in \mathfrak{P}S} 0 \leqslant P(E) \leqslant 1$

$(2) \quad \bigwedge_{E_1, E_2 \in \mathfrak{P}S} \left(E_1 \cap E_2 = \emptyset \to P(E_1 \cup E_2) = P(E_1) + P(E_2) \right)$

$(3) \qquad\qquad P(S) = 1$

Es gilt stets: $P(E_1 \cap E_2) + P(E_1 \cup E_2) = P(E_1) + P(E_2)$

$$P(\overline{E}) = 1 - P(E)$$

also insbesondere: $\quad P(\emptyset) = 1 - P(S) = 0$

Sind E und F Ereignisse und ist $P(F) \neq 0$, so wird die durch F **bedingte** Wahrscheinlichkeit von E, kurz $P(E \mid F)$ (lies: P von E unter der Bedingung F), folgendermaßen definiert:

$$P(E \mid F) = \frac{P(E \cap F)}{P(F)}$$

Multiplikationssatz: $\quad P(F) \cdot P(E \mid F) = P(E \cap F) = P(E) \cdot P(F \mid E)$

Zwei Ereignisse E und F heißen **unabhängig**, wenn gilt: $\quad P(E \cap F) = P(E) \cdot P(F)$

Satz von der totalen Wahrscheinlichkeit:

Ist $S = E_1 \cup E_2 \cup ... \cup E_n$ und stets $E_i \cap E_k = \emptyset$ für $i \neq k$ sowie $P(E_i) \neq 0$, so gilt:

$$P(F) = P(E_1) \cdot P(F \mid E_1) + P(E_2) \cdot P(F \mid E_2) + ... + P(E_n) \cdot P(F \mid E_n)$$

Bayessche Formel:

Ist $S = E_1 \cup E_2 \cup ... \cup E_n$ und stets $E_i \cap E_k = \emptyset$ für $i \neq k$ sowie $P(E_i) \neq 0$, so gilt für $P(F) \neq 0$:

$$P(E_k \mid F) = \frac{P(E_k) \cdot P(F \mid E_k)}{P(E_1) \cdot P(F \mid E_1) + P(E_2) \cdot P(F \mid E_2) + ... + P(E_n) \cdot P(F \mid E_n)}$$

Eine Abbildung $X: S \to \mathbb{R}$ heißt **Zufallsgröße** über S.

Ist $S = \{s_1, ... , s_n\}$ und sind $p_1, ... , p_n$ die Wahrscheinlichkeiten von $s_1, ... , s_n$, so ist der Erwartungswert der Zufallsgröße die Zahl

$$E(X) = X(s_1) p_1 + X(s_2) p_2 + ... + X(s_n) p_n.$$

Es gilt: Sind X und Y Zufallsgrößen über S und sind $a, b \in \mathbb{R}$, so gilt:

$E(aX + bY) = aE(X) + bE(Y).$ $\quad$ (E ist linear.)

Eine Folge von n Wiederholungen eines Experiments heißt n-gliedrige **Bernoulli-Kette**	$\longleftrightarrow$	(1) Das Experiment hat genau zwei Ausgänge: T(Treffer), N(Niete), also $S = \{T, N\}$ (2) Das Ereignis $\{T\}$ hat in allen Wiederholungen dieselbe Wahrscheinlichkeit p (3) Die einzelnen Wiederholungen sind unabhängig

Es gilt: Die Wahrscheinlichkeit, daß in einer n-gliedrigen Bernoulli-Kette das Ereignis $\{T\}$ genau k-mal eintritt, beträgt: $P^{(n)}(k) = \binom{n}{k} p^k q^{n-k}$, wobei $q = 1 - p$ ist.

Die Abbildung: $P^{(n)}: \begin{array}{c} \mathbb{N} \to \mathbb{R} \\ k \mapsto P^{(n)}(k) \end{array}$ heißt **Binomialverteilung** der Bernoulli-Kette.

Mittelwert der Binomialverteilung: $\mu = np$

Streuung der Binomialverteilung: $\sigma = \sqrt{npq}$
(Standardabweichung)

Poisson-Verteilung:

Ist p klein, n groß, so stellt $k \mapsto P(k) = \dfrac{(np)^k\, e^{-np}}{k!} = \dfrac{\mu^k\, e^{-\mu}}{k!}$ eine Näherung an die Binomialverteilung dar.

Gaußverteilung:

Sind n und $\sqrt{2\,npq}$ groß, so stellt $k \mapsto P(k) = \dfrac{1}{\sigma\sqrt{2\,\pi}}\, e^{-\frac{(k-\mu)^2}{2\sigma^2}}$ eine Näherung für die Binomialverteilung dar.

Ersetzt man $\dfrac{k-\mu}{\sigma}$ durch x, so ergibt sich in

$$\varphi(x) = \frac{1}{\sqrt{2\,\pi}}\, e^{-\frac{1}{2} x^2} \quad (= \sigma P(k))$$

eine Gleichung, die für alle Gaußverteilungen in gleicher Weise gilt, da sie unabhängig von n, μ und σ ist.

Graph von φ:

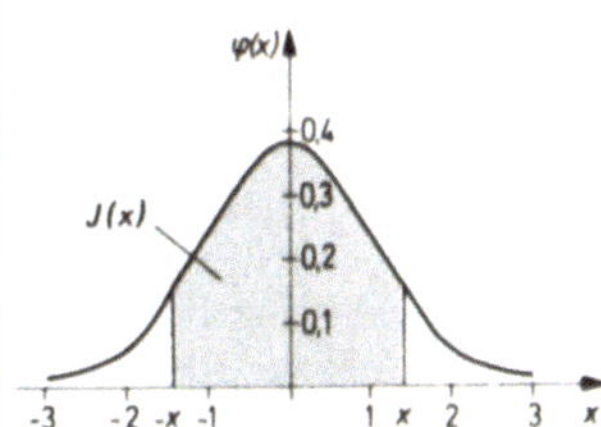

$J(x)$ gibt den Flächeninhalt unter der Kurve von $-x$ bis x an.
Umrechnung: $\varphi(x) = \sigma P(k)$, wenn $x = \dfrac{k-\mu}{\sigma}$ bzw. $k = \sigma x + \mu$ ist.